Hiller · Bickerich
Das farbige Buch der
Arzneі- und Giftpflanzen

Prof. Dr. Karl Hiller
Günter Bickerich

# Das farbige Buch der Arznei- und Giftpflanzen

mit 108 farbigen Tafeln
von Ruth Weber

SIGNA

Die Deutsche Bibliothek – CIP Einheitsaufnahme

Das **farbige Buch der Arznei- und Giftpflanzen** /
Karl Hiller; Günter Bickerich.
Mit 108 farb. Taf. von Ruth Weber. – Berlin: Signa, 1997
ISBN 3-332-00816-1

ISBN 3-332-00816-1


Umschlaggestaltung: Steinkaemper/Lohmann
Zeichnungen: Ruth Weber
Satz: OLD-Satz digital, Neckarsteinach
Druck: Westermann Druck, Zwickau

Printed in Germany
Gedruckt auf alterungsbeständigem Papier mit chlorfrei gebleichtem Zellstoff

# INHALT

# VORWORT

In dem vorliegenden Buch werden die wichtigsten Arznei- und Giftpflanzen unserer unmittelbaren Umgebung – Bäume, Sträucher und Kräuter – aus Wildvorkommen und Anbau und auch einige Zimmerpflanzen besprochen. Es stellt eine Ergänzung des Buches »Das große Hausbuch der Heilpflanzen« von H.-P. Dörfler und G. Roselt dar, aus dem 24 der dort enthaltenen Tafeln entnommen wurden. Der Text wurde aber neu erarbeitet. Die Anordnung der Beschreibungen erfolgte nach dem wissenschaftlichen Pflanzennamen. Damit steht für den Laien ein Buch zur Verfügung, das es ihm gestattet, giftverdächtige Pflanzen sicher zu identifizieren. Dies wurde sowohl durch exakte zeichnerische Wiedergabe als auch durch eine zuverlässige botanische Beschreibung der wichtigsten morphologischen Pflanzenmerkmale angestrebt. Hinweise über giftige Bestandteile, Vergiftungssymptome und Therapiemaßnahmen sollen zur richtigen Einordnung der jeweiligen Pflanze und zur Leistung von Erste-Hilfe-Maßnahmen beitragen. Außerdem wurden für den interessierten Benutzer Angaben über die Herkunft der wissenschaftlichen und deutschen Namen, über Vorkommen und Verbreitung sowie zur Geschichte der Pflanze aufgenommen.

Das Buch wendet sich in erster Linie an Laien, dürfte aber auch Medizinern, Pharmazeuten, Biologen, insbesondere Biologielehrern sowie Angehörigen verwandter Disziplinen viele nützliche Hinweise vermitteln.

Unser besonderer Dank gilt der Graphikerin Ruth Weber, die in geduldiger Arbeit und mit hohem Engagement für die naturgetreue Wiedergabe der Pflanzenabbildungen sorgte. Herrn OPhR Professor Dr. E. Teuscher danken wir für zahlreiche nützliche Hinweise sowie Herrn OMR Dr. Wirth für die kritische Durchsicht der medizinisch-toxikologischen Abschnitte.

Die Autoren

# EINLEITUNG

Arznei- und Giftpflanzen sind seit Jahrtausenden in den Überlieferungen aller Kulturkreise anzutreffen. Zahlreiche auch heute als Tee- oder Rohstoffdrogen geschätzte oder als Giftpflanzen gekennzeichnete Pflanzen kannte man bereits im Altertum und verwendete sie entsprechend. Oft wurden die Menschen nach Massenvergiftungen auf toxische Eigenschaften gewisser Pflanzen aufmerksam. Die gezielte Verwendung von Giftpflanzen für Mordzwecke geht schon auf früheste Epochen der Menschheit zurück.

Besonders durch die Entwicklung der Naturwissenschaften in unserem Jahrhundert konnten viele falsche Darstellungen früherer Zeiten korrigiert und richtig eingeordnet werden, war doch die Gift- oder Heilwirkung vieler Pflanzen mit Scharlatanerie und Mystizismus umgeben. So kam man nicht selten zu der Erkenntnis, daß manche einst geheimnisumwobene und geradezu gefürchtete Pflanze recht harmlos ist.

Doch sind Auffassungen, wonach der Naturstoff von vornherein unschädlich sei und somit pflanzliche Drogen ohne Fachkenntnis arzneilich empfohlen werden könnten, außerordentlich gefährlich. Der bekannte Ausspruch von dem berühmten Arzt und Naturforscher des späten Mittelalters, Paracelsus, »Alle Dinge sind Gift und nichts ist ohne Gift, allein die Dosis macht, daß ein Ding kein Gift ist«, hat auch noch heute seine Gültigkeit.

In den Statistiken nehmen die durch Pflanzen verursachten Vergiftungen etwa 5-10% ein, wobei natürlich entsprechend der Vegetationsperiode starke jahreszeitliche Schwankungen zu verzeichnen sind.

Der an sich begrüßenswerte Drang vieler Menschen zu gesunder Lebensweise führt mitunter zum leichtsinnigen Probieren von für die Ernährung ungeeigneten oder erst nach dem Kochprozeß genießbaren Pflanzenteilen. Besonders gefährdet sind die Kinder. Probieren sie doch gerne glänzende, möglichst auffällig gefärbte Früchte. Aber auch andere Pflanzenteile werden nicht selten von Kindern mit ihrem großen Einfallsreichtum im spielerischen Umgang verzehrt.

Aus diesem Grunde wurden in das Buch besonders Pflanzen mit toxischen Früchten aufgenommen. Ebenso werden einige Zimmerpflanzen beschrieben, z.B. die Dieffenbachie oder der Weihnachtsstern, die in den vergangenen Jahren häufig Grund zu Anfragen an die Giftinformationszentren gaben.

Die Angaben zur Chemie der toxischen Stoffe erfolgten ohne Beschreibung und Darstellung der Strukturformel. Dies ist nicht Aufgabe des Buches. Es soll dazu beitragen, die Giftpflanzen unserer unmittelbaren Umwelt sicher zu erkennen und Vergiftungen durch sie möglichst vorzubeugen. Bei aufgetretener Vergiftung will das Buch eine erste Orientierung für die gegebenenfalls notwendige Einleitung weiterer Behandlungsmaßnahmen geben.

Dabei erweist sich bei den aufgeführten Giftpflanzen die Beschreibung der Therapiemaßnahmen als besonders schwierig, denn der Laie kann meist den Grad der Vergiftung schwer einschätzen. Andererseits sollten auch Erste-Hilfe-Maßnahmen nicht unterbleiben. Da für den Arzt in Verbindung mit der Beschreibung der Giftpflanze erste Therapiehinweise nützlich sein können, wurde der Abschnitt in der vorliegenden Konzeption abgefaßt.

Prinzipiell muß bei Verdacht einer Vergiftung der Arzt konsultiert werden. Dies gilt in besonderem Maße, wenn es Kinder betrifft. Es ist dabei festzustellen, um welche Pflanze es sich handelt und welcher Pflanzenteil sowie welche Menge verzehrt wurden. Für Sofortmaßnahmen recht wichtig ist auch die Zeitspanne seit der Einnahme, ebenso die Klärung, ob bereits ein Erbrechen erfolgte.

Man muß möglichst in die medizinische Einrichtung Teile der fraglichen Pflanze mitnehmen. Auch Erbrochenes ist sicherzustellen, da dies für weitere Rückschlüsse bzw. eine toxikologische Untersuchung sehr wichtig sein kann. Falls ein Arzt nicht unmittelbar erreicht wird, sollte man als Erste-Hilfe-Maßnahme versuchen, die Resorption des Giftes im Organismus zu verhindern. Es ist daher zuerst Erbrechen einzuleiten. Man erreicht dies durch Reizen der Rachenwand mit dem Finger, der Zahnbürste oder einem Löffelstiel bis zum Eintritt des Erbrechens. Bei Erwachsenen ist dabei zuvor die Einnahme von warmem Salzwasser (1 Eßlöffel Kochsalz in etwa ½ Glas Wasser gelöst) erfolgreich, bei Kindern lauwarmes Wasser ohne Salz oder Fruchtsaft, z. B. Himbeersaft. Man wiederholt dann diese Maßnahmen, bis die Menge des Erbrochenen der aufgenommenen Flüssigkeitsmenge gleicht. Bei einem Kind, das erbrechen soll, ist es ratsam, wenn es vom sitzenden Helfer in Bauchlage quer über den Oberschenkel gehalten wird, damit kein Erbrochenes beim Atmen in die Luftröhre gelangt. Beim Transport eines Kleinkindes ins Krankenhaus ist die stabile Seitenlage zu empfehlen.

Eine weitere Erste-Hilfe-Maßnahme stellt die Gabe einer wäßrigen Aufschwemmung von Aktivkohle (Medizinischer Kohle) dar. Nach der Aktivkohle kann u. U. ein salinisches Abführmittel nützlich sein, z. B. Natriumsulfat (Glaubersalz), dessen abführendes Prinzip auf osmotischer Grundlage beruht. Erwachsene sollten etwa 2 Eßlöffel, Kinder 1 Eßlöffel und Kleinkinder 1 Teelöffel in etwa ½ l Wasser gelöst nehmen. Es ist auch möglich, bereits das Kohlepulver mit der Glaubersalzlösung anzurühren.

Es muß aber vor einem alten Hausmittel, bei Vergiftungen Milch zu trinken, gewarnt werden, denn Milch kann die Resorption der Giftstoffe im Organismus beschleunigen. Ebenso ist auch Rizinusöl als Abführmittel zu meiden.

# DIE WIRKSTOFFE IN ARZNEI- UND GIFTPFLANZEN

In allgemein gehaltener Form sollen kurz die toxischen Pflanzenstoffe, organisch-chemische Verbindungen der behandelten Arten, besprochen werden. Ein Teil von ihnen stellt bei richtiger Indikation und Dosierung auch wertvolle Arzneimittel dar. Dennoch kann ihre nichtfachgerechte Anwendung mit verhängnisvollen Folgen verbunden sein. Die nachfolgende Einteilung erfolgt nach chemisch verwandten Gruppen.

## *Alkaloide*

Alkaloide sind stickstoffhaltige Pflanzenbasen, die meist starke physiologische Wirkungen am Menschen ausüben. Sie werden in der Regel aus den Elementen Kohlenstoff (C), Wasserstoff (H), Stickstoff (N) und Sauerstoff (O) aufgebaut. Nur wenige, z.B. Nicotin und Coniin, sind sauerstofffrei. Die Namensgebung erfolgt meist nach der Gattung, aus der sie erstmalig isoliert wurden, oder nach dem Namen ihres Entdeckers. Der Name endet stets auf »in«. Alkaloide kommen in der Pflanze meist als komplexe Gemische mit dienlicher Struktur vor, wobei in der Regel eine Verbindung mengenmäßig überwiegt. Man bezeichnet diese als Hauptalkaloid, die übrigen als Nebenalkaloide.
Nach der Grundstruktur werden die in den behandelten Arznei- und Giftpflanzen enthaltenen Alkaloide in folgende Gruppen eingeteilt:
Chinolizidinalkaloide,
  z.B. Cytisin und Spartein,
Isochinoalkaloide,
  z.B. Morphin, Chelerythrin und Bulbocapnin,
Pryridin/Piperidinalkaloide,
  z.B. Coniin, Nicotin und Sedamin,
Steroidalkaloide,
  z.B. Solanin, Veratrumalkaloide,
Terpenalkaloide,
  z.B. Aconitin, Delphiniumalkaloide,
Tropanalkaloide,
  z.B. Atropin und Hyoscyamin,
sonstige Alkaloide,
  z.B. Colchicin und Taxusalkaloide

## *Eiweiße (Proteine)*

Neben der pflanzenphysiologischen Funktion als Reservestoffe in den Samen sind viele pflanzliche Eiweiße als Nahrungsmittel von großer Bedeutung, zumal sie für den Aufbau körpereigener Proteine benötigt werden. Einige Eiweißstoffe haben auch eine hohe toxikologische Bedeutung. Zu diesen gehören die sogenannten Toxalbumine, die die Fähigkeit besitzen, die roten Blutkörperchen zum Zusammenballen (zur Agglutination) zu bringen und damit deren Funktion zu blockieren. Ähnliche Wirkungen zeigen bestimmte Lectine (Phythämagglutinine), die chemisch meist Glycoproteine darstellen.

## *Furanocumarine*

Bei den Furanocumarinen handelt es sich um Cumarinderivate mit einem an das Cumaringerüst ankondensierten Furanring. Sie kommen vor allem in Doldengewächsen, aber auch in der Gattung *Citrus* vor und zeichnen sich durch photosensibilisierende Eigenschaften aus. Wenn diese Stoffe auf die Haut gelangen oder wenn sie mit der Pflanze eingenommen werden, kommt es bei Lichteinwirkung zur Hautreaktion, sogenannter Wiesendermatitis, die mit Erythem- und Blasenbildung einhergehen kann.

## *Glycoside*

Die Glycoside bestehen aus einem wasserlöslichen, aus einem oder mehreren Zuckerbausteinen bestehenden und einem in der Regel wasserunlöslichen apolaren Anteil, den man als Genin bezeichnet. Nach der Struktur des Geninteils unterteilt man in folgende Glycoside:

1. Anthrachinonglycoside. Sie besitzen als Genin ein tricyclisches Ringsystem, das sich vom Anthracen ableitet. Zahlreiche dieser Verbindungen haben abführende Wirkung und werden deshalb bei entsprechender Dosierung auch therapeutisch eingesetzt, z.B. der Faulbaum. Toxische Erscheinungen sind vor allem bei unsachgemäßer Verwendung oder bei Dauergebrauch zu erwarten.

2. Cyanogene Glycoside. Sie kommen vor allem in den Samen unserer *Prunus*-Arten vor, z.B. in Bitteren Mandeln oder Pfirsichkernen. Bei enzymatischen Abbauprozessen können sie Cyanwasserstoff (Blausäure) abspalten. Blausäure ist ein Enzymgift, das unmittelbar nach der Einnahme die Atmungsenzyme in den Körperzellen blockiert und zu den am stärksten wirkenden toxischen Verbindungen gehört, die wir kennen.

3. Herzwirksame Glycoside. Zu ihnen zählen alle Verbindungen, deren Genin ein Steroidgrundgerüst mit Substituenten aufweist, wie sie in den Glycosiden des Roten und Wolligen Fingerhuts oder des Maiglöckchens vorkommen. Sie werden in großem Umfang therapeutisch bei Herzmuskelschwäche eingesetzt. Auf Grund der geringen therapeutischen Breite dürfen sie aber nur nach genauer ärztlicher Verordnung eingenommen werden. Bei Überdosierung wirken die Verbindungen als Herzgift.

4. Saponine. Bei ihnen handelt es sich um oberflächenaktive Stoffe, die in wäßriger Lösung, wie Seifen (*sapo*, lat. = Seife), schäumen und hohe Toxizität gegenüber Fischen aufweisen. Obwohl zahlreiche Saponine, z.B. das Roßkastanien- und das Süßholzsaponin, therapeutisch eingesetzt werden, bewirken einige Saponindrogen Magen-Darm-Reizungen. Wenn sie in die Blutbahn gelangen, können sie die Auflösung der roten Blutkörperchen (Hämolyse) bewirken.

### *Pflanzensäuren*

Viele in Teedrogen vorkommende Säuren sind wegen ihres Fruchtgeschmacks, z.B. Äpfel-, Citronen- und Weinsäure, oder wegen ihrer Vitaminwirkung, z.B. Ascorbinsäure (Vitamin C), sehr geschätzt, u.a. die Hagebutten. Unerwünschte Nebenwirkungen besitzt dagegen die in Ebereschenfrüchten vorkommende sogenannte Parasorbinsäure. Auch Oxalsäure ist von toxikologischer Bedeutung. Sie kann bei Einnahme größerer Mengen (z.B. durch Knöterich- oder Sauerkleegewächse) zu Störungen im Calciumhaushalt von Mensch und Tier führen. Oxalsäure in Form von dünnen, spitzen Raphiden, die in einigen Pflanzen vorliegen (z.B. bei *Dieffenbachia*), bewirkt Entzündungsprozesse, wenn sie beim Verletzen der Pflanzenteile auf die Schleimhäute des Menschen gelangt.

### *Polyine (Polyacetylenverbindungen)*

Polyine sind teilweise cyclische, häufig aber nichtcyclische Verbindungen mit einer oder mehreren C≡C-Bindungen im Molekül. Sie haben eine sehr unterschiedliche physiologische Wirkung. Einige besitzen antibiotische Eigenschaften, andere stellen gefährliche Krampfgifte dar, z.B. das Cicutoxin im Wasserschierling.

### *Terpene*

Im Pflanzenreich weit verbreitet sind die Terpene. Sie entstehen in der Pflanze aus biologisch aktiven Isoprenbausteinen. Man unterscheidet u.a. Monoterpene ($C_{10}$-), Sesquiterpene ($C_{15}$-), Diterpene ($C_{20}$-) und Triterpene ($C_{30}$-Verbindungen).

Unter den Monoterpenen haben einige als Bestandteile von ätherischen Ölen toxikologische Bedeutung, insbesondere das Thujon.

Zu den toxischen Diterpenen gehören u.a. das in einigen Heidekrautgewächsen vorkom-

mende Andromedotoxin, das Mezerein des Seidelbastes sowie die Diterpenester zahlreicher Wolfsmilchgewächse.
Auch einige im Pflanzenreich weit verbreitete Triterpene besitzen toxikologisches Interesse, insbesondere die in der Gattung Bryonia enthaltenen tetracyclischen Triterpene (Cucurbitacine) sowie die Triterpenester des Wandelröschens.

# DIE ARZNEI- UND GIFTPFLANZEN

Die Beschreibung der Pflanzen
erfolgt in alphabetischer Reihenfolge
der wissenschaftlichen Gattungsnamen

# BLAUER EISENHUT

**Familie:** Hahnenfußgewächse (Ranunculaceae)

**Name:** Die Blüten ähneln einer eisernen Sturmhaube. Daher auch die Bezeichnung Blauer Sturmhut. *Aconitum* nach der Stadt Aconae in Bithynien, *napellus* bedeutet kleine Rübe.

**Beschreibung:** Die Staude erreicht eine Höhe bis zu 1,50 m. Aus der Sproßknolle entwikkeln sich ein von Hüllblättern umschlossener Sproß und die Blütentraube. Der Blütenhelm stellt eine Umbildung des sonst üblichen Kelches dar. Aus 3-5 Fruchtblättern entwickeln sich vielsämige, einfächerige Balgkapseln, die an der Bauchnaht aufspringen. Die reifen, geflügelten Samen sind glänzendschwarz. Die unterirdischen Teile bestehen aus 2-3 rundlichen oder rübenförmigen Knollen.

**Blütezeit:** Ende Juni bis September (je nach Höhenlage).

**Vorkommen und Verbreitung:** Auf Hochstaudenfluren, an Quellen und Bächen, Viehlägern (wird vom Vieh nicht gefressen), auf nährstoffreichen, mäßig sauren Lehm- und Tonböden, in den höchsten Lagen der Mittelgebirge, in den Voralpen und den Alpen bis 3000 m Höhe vorkommend. Sonst in den höheren Gebirgen Europas, wie den Apenninen und Pyrenäen, bis nach Skandinavien.

**Toxische Bestandteile:** Die Pflanze enthält etwa 0,3-2 % Alkaloide in der Knolle bzw. 0,2-1,2 % im Blatt und 0,1-1 % im Samen. Es handelt sich um einen Komplex von Diterpen- und Norditerpenalkaloiden. Letztere sind mehrfach verestert, z. B. Aconitin, und weisen hohe Giftigkeit auf. Die tödliche Dosis für den Erwachsenen beträgt bei Aconitin 2-5 mg. Es gehört damit zu den am stärksten wirksamen pflanzlichen Giften. Demnach können bereits 1-2 g der getrockneten Knollen für einen Erwachsenen tödlich sein. Aconitin wird auch durch die normale Haut gut resorbiert; so kann bereits die Berührung mit der Pflanze, z. B. wenn Kinder mit den Blüten spielen, gefährlich sein.

**Vergiftungssymptome:** Nach Verzehr der Knollen oder Blätter Brennen und Prickeln zunächst im Mund sowie an Fingern und Zehen, das sich über die Körperfläche ausbreitet. Absinken der Körpertemperatur, das dem Betroffenen das Gefühl von »Eiswasser in den Adern« gibt. Hinzu kommen Übelkeit, Erbrechen, kolikartige Durchfälle, langsame und unregelmäßige Atmung, Blutdruckabfall, Herzrhythmusstörungen und starke Schmerzen im Kopf, Hals, Rücken und im Bereich des Herzens bis zum Eintritt des Todes. Bei nicht tödlich verlaufenden Vergiftungen sind Nachwirkungen bzw. Dauerschäden nicht bekannt.

**Therapiemaßnahmen:** Entfernung des Giftes durch Auslösen von Erbrechen, Gaben von Aktivkohle, Wärmezufuhr. Herz und Kreislauf stützende Maßnahmen sowie die weitere symptomatische Behandlung müssen unter ärztlicher Kontrolle erfolgen.

**Geschichtliches:** Von der starken Giftigkeit aller *Aconitum*-Arten wußten schon die alten Griechen, wie der griechische Arzt Dioscurides. Der Römer Plinius bezeichnet den Sturmhut in seiner »Naturalis historia« als »vegetabilisches Arsenik«.

# BUNTER EISENHUT · GELBER EISENHUT

**Familie:** Hahnenfußgewächse (Ranunculaceae)

**Name:** Wegen der weiß und blau gescheckten Blüten nennt man die Art *A. variegatum*, Bunten oder auch Gescheckten Eisen- oder Sturmhut.
Die Bezeichnung Gelber Eisenhut bzw. Sturmhut (syn. *A. lycoctonum*. auct. non L.) erfolgte erst in der Neuzeit. Frühere Namen waren Wolfskraut, -wurz, Hundstod, -gift, Fuchskraut oder Fuchswurz. Die wissenschaftlichen Namen bedeuten: *vulpes*, lat. = Fuchs, *lycos*, griech. = Wolf, *kteino*, griech. = töten.

**Beschreibung:** Der Bunte Eisenhut unterscheidet sich Vom Blauen Sturmhut vor allem durch die Farbe und Form seiner Blüten. Der Helm der Blüte ist deutlich höher als breit (4-4,5 cm breit) und das Blau des Helms sowie der anderen Kronblätter meist violett getönt. Die einzelne Blüte besitzt einen längeren Stiel als der Blaue Sturmhut. Die jüngeren Früchtchen stehen gerade vorgestreckt, also parallel, während sie beim Blauen Eisenhut mit ihren Spitzen auseinanderspreizen.
Beim Gelben Eisenhut handelt es sich um eine Staude mit langer Lebensdauer. Im Gegensatz zum Blauen und Bunten Sturmhut besitzt sie ein braunes, höchstens kleinfingerdickes, mit Adventivwurzeln besetztes Rhizom, das am Scheitel dünnhäutige, unterirdisch bleibende Niederblätter trägt. Aus diesem Scheitel treiben im Frühjahr 3- bis 5lappig geteilte Laubblätter wie beim Blauen Eisenhut und später ein aufrechter, 60-120 cm hoher, oft etwas ästiger und weichhaariger Stengel, der die grünlichen bis schwefelgelben Blüten trägt, die 2- bis 3mal so hoch wie breit sind. Sie werden – wie die der anderen *Aconitum*-Arten – fast nur von langrüßligen Hummeln bestäubt.

**Blütezeit:** Juli bis September (*Aconitum variegatum*),
Juni bis Anfang Juli (*Aconitum vulparia*).

**Vorkommen und Verbreitung:** Der Bunte Sturmhut ist in Auwäldern, auf nährstoff- und basenreichen, humosen Lehm- und Tonböden anzutreffen. In den Alpen kommt er bis 2400 m, sonst in vielen Mittelgebirgen Mitteleuropas, z. B. in der Rhön, vor.
Der Gelbe Eisenhut ist besonders in schattigen Laubmischwäldern der Gebirge und Vorgebirge mit hohem Nährstoffreichtum und Sickerfrische des Bodens zu finden. In Mitteleuropa wächst er in den Alpen bis 2100 m, in den Mittelgebirgen sehr zerstreut bis ins Niedersächsische Hügelland, sonst in den Gebirgen Südeuropas, eher auch im Norden der Sowjetunion bis zum Amur, in China und im Himalaja.

**Toxische Bestandteile, Vergiftungssymptome und Therapiemaßnahmen:** s. Blauer Eisenhut.

**Aconitum variegatum L. · Aconitum vulparia RCHB.**

# CHRISTOPHSKRAUT

**Familie:** Hahnenfußgewächse (Ranunculaceae)

**Name:** *akte*, griech. = Gestade, *akteios*, griech. = an Ufern wachsend, *spicata*, lat. = ährig.
Christophskraut nach dem christlichen Heiligen Christophorus, dem Schutzpatron der Schatzgräber, der im 3. Jahrhundert u. Z. lebte, benannt.

**Beschreibung:** Ausdauernde, etwa 40-70 cm Höhe erreichende Pflanze mit schwarzbraunem, knotigem, schief absteigendem Wurzelstock. Der aufrechte, runde, kahle Stengel ist mit 2 bis 3 langgestielten, 3zählig gefiederten Blättern mit gesägtem Rand besetzt. Die Blätter können leicht mit denen des ungiftigen Geißbarts (*Aruncus sylvestris*) verwechselt werden, dessen Laub mild schmeckt, im Gegensatz zu dem scharfschmeckenden und unangenehm riechenden des Christophskrauts. Die kleinen, weißen Blüten stehen in end- oder achselständigen Trauben. Der 4blättrige Kelch fällt ab. Die 4-6 Kronblätter werden von zahlreichen Staubblättern überragt. Die Früchte sind eiförmige, erst grüne, dann glänzendschwarze Beeren mit braunen Samen. In Gärten werden auch ein Christophskraut mit weißen Früchten (*A. pachypoda* Ell.) und eines mit blutroten Früchten (*A. rubra* Ait. Willd.) angepflanzt. Beide sind in Nordamerika beheimatet und ebenso giftig wie das in Europa beheimatete Christophskraut.

**Blütezeit:** Mai bis Juli.

**Vorkommen und Verbreitung:** In Buchen- und Mischwäldern, in Schluchten und an Bachufern anzutreffen; in fast ganz Europa (nördlich bis Norwegen und Schottland, im Süden nur im Gebirge), aber auch in Teilen Asiens mit gemäßigtem Klima.
Toxische Bestandteile: Die Inhaltsstoffe der Pflanze sind nur unvollständig bekannt. Über das Vorliegen einer protoanemoninartigen Verbindung (s. *Pulsatilla*) existieren widersprüchliche Angaben. Als gesicherte Inhaltsstoffe gelten Triterpensaponine und trans-Aconitsäure.

**Vergiftungssymptome:** Die Beeren bewirken auf der Haut Rötung und Blasenbildung. Nach Einnahme kommt es zu Magen-Darm-Entzündungen, u. U. zu Atemnot und Delirien. Auch Kreislaufkomplikationen sind möglich. Vergiftungen erfolgen insbesondere durch die ungerechtfertigte volkstümliche Anwendung als Brech-, Abführ- oder Rheumamittel.

**Therapiemaßnahmen:** Bei sehr früh einsetzender Behandlung sind Gaben von Aktivkohle, das Auslösen von Erbrechen und danach reichliches Trinken von warmem Tee möglich. Nach Einnahme größerer Mengen muß die Behandlung symptomatisch durch den Arzt erfolgen.

**Geschichtliches:** Von Plinius wird eine Pflanze »Actea« kurz beschrieben und gegen Frauenleiden empfohlen. Die Väter der Botanik kannten das Christophskraut als giftiges Gewächs und warnten vor seinem inneren Gebrauch. Gesner (1516-1565) nannte es *Actaea christophoriana*, und Linné hat dann den Gattungsnamen *Actaea* übernommen.

# FRÜHLINGSADONISRÖSCHEN

**Familie:** Hahnenfußgewächse (Ranunculaceae)

**Name:** *Adonis* hieß bei den Syrern und Phöniziern der Sonnengott. Dieser Name wurde von den Griechen übernommen (s. unter Geschichtliches); *vernalis*, lat. = im Frühling blühend.

**Beschreibung:** Ausdauernde, 10-30 cm hohe Pflanze. Der schwarz-braune, fasrige Wurzelstock befindet sich meist recht tief im Boden (10-20 cm). Er treibt fertile und sterile, unverzweigte, aufrechte Sprosse. Die 2- bis 4fach gefiederten Blätter sitzen unmittelbar am Stengel. Die Blüten, die sich nur bei Sonnenschein vollständig öffnen, stehen einzeln endständig, fallen durch ihr leuchtendes Gelb und ihre Größe (bis 6 cm Durchmesser) auf und werden von vielen pollensammelnden Insekten besucht. Die aus zahlreichen 4-5 mm langen, gekielten Einzelfrüchten mit hakenförmigem Schnabel zusammengesetzten Fruchtstände sind eiförmig.

**Blütezeit:** Ende März bis Anfang Mai; ganz selten nochmals im Herbst.

**Vorkommen und Verbreitung:** Die typisch pontische Pflanze kommt vor allem in Trockenrasen und in lichten Fichten-, Kiefern- und Robinienbeständen vor. Der Untergrund des oft schwarzerdeartigen Bodens ist meist Kalk, Löß, Lehm oder kalkhaltiger Sand. Im Thüringer Keuperbecken, in dem Regenschattengebiet des Harzes und auf den pontischen Hängen nördlich Frankfurt/Oder sowie im Mittelrheingebiet und in Bayern anzutreffen; im Nordwesten fehlend.

**Toxische Bestandteile:** Das blühende Kraut enthält etwa 0,5-1% an herzwirksamen Glycosiden, die strukturell denen des Maiglöckchens und des Fingerhuts nahestehen. Vorherrschende Verbindung ist das Adonitoxin.

**Vergiftungssymptome:** Obwohl die herzwirksamen Glycoside von *Adonis vernalis* bei peroraler Anwendung wenig resorbiert und schnell ausgeschieden werden, sind Vergiftungen durch Überdosierungen von als Herzmittel angewendeten Drogen bekannt. Im Vordergrund stehen dabei gastrointestinale Reizerscheinungen, die sich in Übelkeit, Erbrechen und Durchfällen äußern. Todesfälle sind nicht bekannt, jedoch bei parenteraler Anwendung in Überdosen möglich.

**Therapiemaßnahmen:** Herbeiführen von Erbrechen, danach Gaben von Aktivkohle. Bei Vergiftungen nach parenteraler Anwendung sind unverzüglich ärztliche Maßnahmen erforderlich.

**Geschichtliches:** Die Droge wurde bereits von Hippokrates verwendet. Sie diente früher vor allem bei Wassersucht. Plinius nannte eine Pflanze Adonium, meint damit aber wahrscheinlich das bei uns von Juni bis August auf Äckern blühende Flammen- (*A. flámmea*) oder das Sommeradonisröschen (*A. aestivális*). In der griechischen Mythologie war Adonis ein schöner, von Aphrodite geliebter Jüngling.

# ROSSKASTANIE

**Familie:** Roßkastaniengewächse (Hippocastanaceae)

**Name:** Der lateinische Gattungsname wurde ursprünglich für die immergrüne Steineiche geprägt. Der Artname (*hippos*., griech. = Pferd, Roß) leitet sich von der Verfütterung der Samen an Pferde ab, deren Atemorgane erkrankt sind.

**Beschreibung:** Der etwa bis 20-30 m hohe, sommergrüne Baum weist eine reich belaubte Krone mit 5- bis 7zähligen, gefingerten Blättern auf. Sie sind jeweils verkehrt eiförmig angeordnet, haben einen ungleich gekerbten bzw. gesägten Blattrand und eine Länge bis 20 cm. Die Einzelblüten der kerzenförmigen Blütenstände besitzen weiße Kronblätter mit einem gelben bis roten Fleck sowie Staubblätter, die größer als die Blütenblätter sind. Die igelstachligen, grünen Kapselfrüchte reifen im Spätsommer, unter Öffnung der Fruchtwand, ihre rotbraunen Samen (Kastanien) mit ihrem großen, grauweißen Nabelfleck entlassend.

**Blütezeit:** April bis Mai.

**Vorkommen und Verbreitung:** Die Roßkastanie ist in Südosteuropa und dem westlichen Asien beheimatet. Inzwischen wurde sie aber in fast ganz Europa angepflanzt und ist z. T. verwildert.

**Toxische Bestandteile:** Ein Komplex von Triterpensaponinen (etwa 3-5%), als Aescin bezeichnet. Weitere Inhaltsstoffe der Kastanien sind Flavonoid- und Cumaringlycoside.

**Vergiftungssymptome:** Das aus den Samen gewonnene Aescin wird in der geeigneten Dosierung auch als Arzneimittel angewendet, insbesondere als vorbeugendes Mittel gegen Venenentzündungen bzw. venösen Durchblutungsstörungen, und ist Bestandteil von Fertigpräparaten.

Beim Verzehr von Kastanien sind in erster Linie in der Regel harmlose Reizwirkungen des Magen-Darm-Traktes zu erwarten, die jedoch gefährlich sein können, wenn bereits eine Schleimhautschädigung der Verdauungsorgane, besonders des Darmes, vorliegt. Dies ist beim wiederholten Verzehr von Kastanienstücken innerhalb weniger Tage, z. B. durch Kinder, nicht auszuschließen. Die Folge sind Erbrechen, Durchfall, starker Durst, Unruhe und Sehstörungen. In besonders ungünstigen Fällen ist sogar ein tödlicher Ausgang durch Atemlähmung nach vorangegangenen Unruhezuständen und motorischen Ausfällen nicht unmöglich.

**Therapiemaßnahmen:** Als Erste-Hilfe-Maßnahme gilt die primäre Giftentfernung durch Gaben von Aktivkohle (10,0 g). Die weitere Behandlung der Vergiftung erfolgt symptomatisch durch den Arzt bzw. stationär.

**Geschichtliches:** Im Altertum fanden Roßkastaniensamen keine arzneiliche Anwendung. Diese begann erst im Laufe des vorigen Jahrhunderts. Die Droge kommt zudem auch zusätzlich in der Homöopathie zum Einsatz.

Im Laufe der 4 Jahrhunderte ihrer Kulturnahme in den gemäßigten Zonen Mitteleuropas wurde sie hier einer der volkstümlichsten Bäume. Die Früchte sind zudem ein beliebtes Futtermittel für Rot- und Damwild.

# HUNDSPETERSILIE

**Familie:** Doldengewächse (Umbelliferae – Apiaceae)

**Name:** Die Silbe »Hunds« drückt eine Verächtlichkeit im Vergleich zu der geschätzten Echten Petersilie aus. *Aethusa* ist eine neulateinische Bildung Linnés aus dem griechischen Wort *aitho*, das Anzünden, Brennen und Glänzen bedeutete. In *cynapium* ist die Silbe *cyn* vom griechischen Wort *kynos* = Hund abgeleitet, *apium* heißt heute ein anderes Doldengewächs, der Sellerie (*Apium graveolens*). Der Name *Cynapium* wurde von Tabernaemontanus zuerst gebraucht und von Linné als Artname verwendet.

**Beschreibung:** Einjähriges Kraut, das aber bei später Keimung mit grüner Blattrosette überwintern kann. Die Wurzel ist weißlich und spindelförmig, meist viel dünner als bei der Echten Petersilie. Auf gutem Boden wird der Stengel bis 1,5 m hoch, überragt also die Echte Petersilie wesentlich. Die Blätter sind 2- bis 3mal gefiedert wie bei der Echten Petersilie; auch der Blattumriß ist sehr ähnlich, oder die einzelnen Teilblättchen sind etwas schmaler. Die Blattunterseite glänzt mehr, und die Spaltöffnungen auf der Unterseite sind größer und zahlreicher als bei der Echten Petersilie, wie man mikroskopisch leicht feststellen kann. Besonders gekennzeichnet wird die Hundspetersilie durch die 3 nach unten geschlagenen Hüllblättchen der Döldchen. Die Früchte sind kuglig-eiförmig, bei der Reife weißlich.

**Blütezeit:** Juni bis September.

**Vorkommen und Verbreitung:** Auf lehmigen Äckern, frischen Ruderalstellen, Gebüschsäumen in ganz Europa vorkommend.

**Toxische Bestandteile:** Polyacetylenverbindungen (Polyine), u.a. Aethusin und die Aethusanole A und B, wobei die Wurzel etwa 1%, das Kraut etwa 0,2% dieser Verbindungen enthält.

**Vergiftungssymptome:** Rötung der Haut, besonders Kribbeln an Händen, Leibschmerzen, Durchfall und Erbrechen. In schweren Fällen kommt es zu Bewußtseinsstörungen, Krämpfen und Tod durch Atemlähmung. Die Vergiftungserscheinungen treten etwa eine Stunde nach Verzehr auf. Vergiftungen beim Menschen sind recht selten, zumal man zu Würzzwecken meist vor allem die leicht unterscheidbare Abart der Echten Petersilie, die sogenannte Krause Petersilie, anbaut.

**Therapiemaßnahmen:** In der Regel treten nur leichte Vergiftungen mit Hundspetersilie auf, da durch Verwechslung mit der Echten Petersilie als Suppengrün geringe Mengen eingenommen werden. Wenn erforderlich, ist Erbrechen auszulösen und Aktivkohle zu geben. In schweren Fällen muß die Behandlung symptomatisch stationär erfolgen.

**Geschichtliches:** Durch Funde von Früchten – insbesondere in Pfahlbauten – wurde die Hundspetersilie in Württemberg und der Schweiz schon in prähistorischen Zeiten nachgewiesen. Im Mittelalter war sie offizinell, und auch heute wird sie noch in der Homöopathie verwendet.

# KORNRADE

**Familie:** Nelkengewächse (Caryrophyllaceae)

**Name:** Der wissenschaftliche Name leitet sich von *agros*, griech. = Feld, Acker, *stemma*, griech. = Rinde, Krone, Kranz ab, es ist also ein zum Binden von Kränzen schon im Altertum verwendetes Ackerunkraut. Der Artname *githago* stammt vermutlich ebenfalls aus dem Griechischen. *Gith* war der griechische Name des Schwarzkümmels (*Nigella sativa*), dessen Samen dem der Kornrade ähnelt. *ago* in Verbindung mit einer Vorsilbe bedeutet Ähnlichkeit mit dem, was die Vorsilben ausdrücken.

**Beschreibung:** Einjährige Pflanze, die etwa 0,5-1 m Höhe erreicht, einen einfachen oder wenig verzweigten Stengel aufweist und weißfilzig behaart ist. Die Blätter sind linealisch, die unteren gestielt, die oberen ungestielt und paarweise an den verdickten Stengelknoten angeordnet. Die zwittrigen, langgestielten, meist einzeln stehenden, trübpurpurnen, selten weißen Blüten weisen einen bauchig-röhrigen Kelch auf, der in 5 linearen, die Blumenkrone um das Doppelte überragenden Zipfeln endet. Die 5blättrige, rote Blumenkrone umgibt 10 Staubblätter. Die Frucht ist eine vom Kelch umschlossene Kapsel, die an der Spitze in 5 Zähnen aufspringt und zahlreiche in 5 Doppelreihen angeordnete, schwarze, nierenförmige, warzenbedeckte Samen enthält.

**Blütezeit:** Juni bis Juli.

**Vorkommen und Verbreitung:** Die eigentliche Heimat ist wahrscheinlich das östliche Mittelmeergebiet. Mit dem Getreideanbau war die Kornrade schon in der jüngeren Steinzeit verbreitet und ist im Laufe der Jahrhunderte in alle Erdteile verschleppt worden. Durch die gute Reinigung des Saatgetreides wurde die Kornrade inzwischen in Mitteleuropa zu einem seltenen Unkraut im Wintergetreide und gehört zu den stark gefährdeten Pflanzenarten.

**Toxische Bestandteile:** Die Pflanze enthält besonders in den Samen größere Mengen (5-7%) an Triterpensaponinen mit Githagosid als Hauptkomponente. Weiterer Inhaltsstoff der Droge ist u.a. Orcialanin, ein Phenylalaninderivat.

**Vergiftungssymptome:** Kratzen in Mund und Rachen, Übelkeit, Erbrechen, Durchfall, Schwindel, Kreislaufstörungen und in besonders schweren Fällen Tod durch Atemlähmung. Obwohl zuweilen 5,0 g Samen als tödliche Dosis angegeben werden, wird heute die Toxizität des Saponins, dem man die Giftwirkung wegen besonders leichter Resorption vom Magen-Darm-Trakt zuschreibt, als wesentlich niedriger angesehen. Ungeklärt ist jedoch, ob neben den Saponinen möglicherweise andere Stoffe für die toxische Wirkung mit verantwortlich sind. Vor der volkstümlichen Verwendung von Kornradesamen bei Hautunreinheiten und Gastritis ist jedoch zu warnen.

**Therapiemaßnahmen:** Auslösen von Erbrechen und Gaben von Aktivkohle, weitere Maßnahmen erfolgen symptomatisch durch den Arzt.

**Geschichtliches:** Da früher größere Mengen an Kornradesamen im Brotgetreide enthalten waren, kam es nicht selten zu Vergiftungen.

# GEMEINE AKELEI

**Familie:** Hahnenfußgewächse (Ranunculaceae)

**Name:** Der Gattungsname leitet sich vermutlich von *aqua*, lat. = Wasser oder von *aquila*, lat. = Adler, wegen der Ähnlichkeit der Blütensporne mit den Klauen eines Adlers, und *legere*, lat. = sammeln ab, bezugnehmend auf die füllhornartige Form der Blütenhülle. Der deutsche Name ist aus dem Lateinischen entlehnt.

**Beschreibung:** Die etwa 30-80 cm hohe Staude besitzt langgestielte, doppelt 3zählige Blätter mit keilförmigen, stumpf gelappten Endblättchen. Die langgestielten, großen, nickenden, 5zähligen Blüten sind meist blau, selten violett, rosa oder weiß. Bei der radiären Blüte wechseln 5 gespornte Honigblätter mit 5 spornlosen Kronblättern ab. Der Sporn ist mit Nektar gefüllt. Aus den 5 Fruchtknoten der Blüte entwickeln sich vielsamige Balgfrüchte.
Es kommen weitere Arten mit auffallend geformten Blättern und Blüten vor, z.B. die japanische *A. flabellata* (syn. *A. akitensis*), die in Mitteleuropa vornehmlich in einer niedrigen Varietät (var. *pumila*) anzutreffen ist. In den Gärten werden zahlreiche Hybriden mit schönen Blüten kultiviert.

**Blütezeit:** Mai bis Juli.

**Vorkommen und Verbreitung:** Im gemäßigten Europa und in Asien bevorzugt in Eichen- und Buchenwäldern, auf subalpinen Bergwiesen und auch Trockenrasen vorkommend.

**Toxische Bestandteile:** Die Giftstoffe sind bisher in ihrer chemischen Struktur nicht näher bekannt. Vermutlich liegen in geringer Menge Alkaloide, u.a. Magnoflorin und Berberin, sowie ein blausäurebildendes Glycosid vor.

**Vergiftungs-symptome:** Beim Verzehr von mehr als 20 g frischer Blätter sind Krämpfe, Atemnot und Herzbeschwerden beobachtet worden. Diese Zustände klingen jedoch bald wieder ab. Ähnliche Symptome wurden von Kindern bekannt, die die Blüten aussaugten. Von Tieren wird die Pflanze wegen des bitteren Geschmakkes gemieden. Auch die Samen schmecken widerlich ölig. Im Heu verfüttert, gilt sie nicht mehr als schädlich, da die Giftstoffe offenbar beim Trocknen abgebaut werden. Dies läßt auch das Vorliegen des bisher für die Pflanze nicht beschriebenen Protoanemonins vermuten.

**Therapie-maßnahmen:** Das Auslösen von Erbrechen und Gaben von Aktivkohle, symptomatische Weiterbehandlung, die bei Einnahme größerer Mengen durch den Arzt erfolgen muß.

**Geschichtliches:** Das Kraut diente früher in der Volksheilkunde bei Leber- und Gallenleiden sowie äußerlich bei Hautausschlägen und Mundgeschwüren. Heute wird es nur noch in der Homöopathie, u.a. bei Menstruationsstörungen und Hauterkrankungen, angewendet.

# OSTERLUZEI

**Familie:** Osterluzeigewächse (Aristolochiaceae)

**Name:** Der Gattungsname leitet sich von *aristos*, griech. = der Beste und *lockheia* = die Geburt ab, also Name für eine die Geburt fördernde Pflanze; *clematitis* von *klema*, griech. = Ranke, auf Ähnlichkeit mit der Gattung *Clematis* hinweisend.

**Beschreibung:** Die bis etwa 70 cm hohe Staude besitzt einen einfachen Stengel mit gelbgrünen, ungeteilten, am Grunde meist herzförmigen, rundlichen Blättern. Die gelben Blätter stehen meist in Büscheln zu 2-8 in den Blattachseln. Die zygomorphe Blütenhülle ist am Grunde bauchig, verwachsenblättrig und oben in eine Zunge verbreitert. Aus den unterständigen Fruchtknoten entwickelt sich eine birnenförmige Kapselfrucht, die die Größe einer Walnuß aufweist. Die flachen, dreieckigen, kastanienbraunen Samen schmecken sehr bitter und bilden einen eigentümlichen Flugapparat aus. Die Pflanze riecht obstartig, das Laub schmeckt würzig bitter.

**Blütezeit:** Mai bis Juni.

**Vorkommen und Verbreitung:** Die im Mittelmeergebiet, Kaukasus und in Kleinasien heimische Pflanze ist heute zuweilen auch in Mitteleuropa verwildert, u.a. in der Nähe von Weinbergen sowie in feuchten Wäldern, anzutreffen. Hierbei handelt es sich meist um Relikte aus früheren Kulturen.

**Toxische Bestandteile:** Die Pflanze enthält neben Harzen und ätherischem Öl besonders in den unterirdischen Organen und in den Samen sogenannte Aristolochiasäuren, die in ihrer Struktur den Isochinolinalkaloiden nahestehen. Letztere stellen die eigentlichen Wirkstoffe der Pflanze dar.

**Vergiftungssymptome:** Aristolochiasäuren wirken als sogenannte Kapillargifte. Bei unkontrollierter Einnahme der Droge sind Erbrechen, heftige Reizerscheinungen im Magen-Darm-Kanal, verbunden mit Krämpfen, Pulsbeschleunigung, Blutdrucksenkung und Nierenschädigungen, zu erwarten. Bei tödlichem Ausgang erfolgt der Tod im Koma durch Atemlähmung. Außerdem konnten im Tierversuch Tumorbildung sowie eine mutagene Wirkung festgestellt werden.

**Therapiemaßnahmen:** Obwohl Vergiftungen durch die Osterluzei beim Menschen bisher nicht bekannt wurden, wären gegebenenfalls das Auslösen von Erbrechen und Gaben von Aktivkohle als Erste-Hilfe-Maßnahme anzuwenden. Bei vermutlich größerer Giftaufnahme muß die Behandlung symptomatisch durch den Arzt erfolgen.

**Geschichtliches:** Die Osterluzei wurde bereits im Altertum und Mittelalter als Heilpflanze verwendet. Man setzte sie u.a. gegen Schlangenbisse sowie in der Geburtshilfe ein. Auch in neuerer Zeit gewannen die aus der Pflanze gewonnenen Aristolochiasäuren wegen ihrer immunstimulierenden Eigenschaften, die auf einer Steigerung der Phagocytoseaktivität von Leukozyten beruhen, zunehmendes Interesse, besonders als Wundheilmittel bei schlecht heilenden Geschwüren und dgl. Doch stehen solcher Anwendung die mutagenen und cancerogenen Effekte entgegen.

# ARONSTAB

| | |
|---|---|
| **Familie:** | Aronstabgewächse (Araceae) |
| **Name:** | *Aron* ist der griechische Name für die Pflanze; *maculatum* = gefleckt. Aronstab nach der Form des Blütenkolbens. |
| **Beschreibung:** | Die ausdauernde, bis etwa 40 cm hohe Pflanze besitzt einen außen braunen, innen weißen, knollig verdickten Wurzelstock. Die Blätter sind langgestielt, pfeilförmig und rotbraun gefleckt (var. *maculatum*) oder ungefleckt (var. *immaculatum*). Die eingeschlechtlichen Blüten haben keine Blütenhülle und stehen in einem kolbenförmigen Blütenstand (Spadix), der von einer grünlichweißen, unten eingerollten Scheide als Hochblatt (Spatha) umgeben ist. Im unteren Teil des Kolbens befinden sich die weiblichen, darüber die männlichen Blüten. Der obere braunviolette Teil ist blütenlos, nackt, keulenartig verdickt. Die wenigsamigen, scharlachroten, rundlichen Beerenfrüchte weisen einen süßlichen Geschmack auf. |
| **Blütezeit:** | April bis Juni. |
| **Vorkommen und Verbreitung:** | Die Pflanze kommt zerstreut besonders in feuchten Laubwäldern Mittel- und Südeuropas vor. |
| **Toxische Bestandteile:** | Für die schon lange bekannte Giftwirkung des Aronstabs wird ein Gemisch »flüchtiger Scharfstoffe«, u.a. Aroin, verantwortlich gemacht, dessen chemische Struktur nur teilweise bekannt ist. Möglicherweise sind auch die in der Pflanze enthaltenen Oxalate an der haut- und schleimhautreizenden Wirkung beteiligt. |
| **Vergiftungssymptome:** | Vergiftungen erfolgen in der Regel durch die Beeren, deren Giftigkeit offenbar nach Reifegrad und Standort der Pflanzen variiert. Wegen des leuchtendroten Aussehens und ihres süßlichen Geschmacks stellen sie für den Menschen, insbesondere für Kinder, eine Gefahrenquelle dar. Obwohl man im allgemeinen nur leichtere Vergiftungen, die sich durch Brennen und Prickeln im Mund sowie Brechreiz äußern, erwarten kann, löst der Verzehr größerer Mengen auch ernstere Symptome aus, u.a. Magen-Darm-Beschwerden, Schwindelgefühl und Krämpfe. Durch lokale Einwirkung auf die Haut können auch starke Reizwirkungen auftreten. Die Frischpflanze und ihr Saft sind durchweg stärker wirksam als die getrockneten Pflanzenteile. Eine tödliche Vergiftung durch die Pflanze wurde wiederholt beim Weidevieh beobachtet. Hier führen schwere Entzündungen im Verdauungstrakt mit Blutungen und Krämpfen zum Tode. |
| **Therapiemaßnahmen:** | Gaben von Aktivkohle, reichlich warmen Tee trinken lassen. Nur bei Einnahme größerer Mengen ist eine primäre Giftentfernung durch Magenspülung erforderlich. Die Behandlung erfolgt im allgemeinen symptomatisch durch den Arzt. |
| **Geschichtliches:** | Von den Schriftstellern des Altertums Theophrast, Plinius und Dioskurides wurden *Arum*-Arten für Heil- und Nahrungszwecke empfohlen. In Notzeiten kochte man die Wurzelknollen und trocknete sie danach, wobei die Giftwirkung verlorengeht. Die so behandelten Knollen hat man gemahlen und dieses Mehl, mit Getreidemehl gemischt, gebacken. |

# HASELWURZ

**Familie:** Osterluzeigewächse (Aristolochiaceae)

**Name:** Der Gattungsname leitet sich von *asaron*, griech. = unverzweigt ab; Haselwurz, da die Pflanze häufig unter Haselsträuchern wächst.

**Beschreibung:** Die ausdauernde, krautartige Pflanze weist eine über den Boden kriechende, etwa 6-8 mm dicke Grundachse auf, die an den einjährigen Trieben mit schuppenförmigen Niederblättern besetzt ist. An den Knoten entwickeln sich nach unten dünne Wurzeln. Die langgestielten, nierenförmigen Blätter sind behaart, wintergrün, oberseits glänzend. Die an der Spitze der Triebe stehende Zwitterblüte ist kurzgestielt, wobei Kelch und Krone durch eine braune, glockenförmige Hülle mit 3 zurückgeschlagenen Zipfeln ersetzt werden. Frei auf dem Fruchtknoten rund um den Griffel stehen 12 Staubgefäße. Die Frucht ist eine 6fächrige, unregelmäßig aufspringende Kapsel.

**Blütezeit:** März bis Mai.

**Vorkommen und Verbreitung:** In Laubwäldern vor allem in Gebirgsgegenden besonders in Mittel- und Osteuropa sowie im westlichen Asien vorkommend.

**Toxische Bestandteile:** Das Rhizom, das auch als Droge (Radix Asari) Anwendung fand, enthält etwa 1% ätherisches Öl, das aus bis zu 90% Asaron, als sogenanntes trans-Isoasaron vorliegend, besteht. Die Zusammensetzung des Öls kann gewissen Schwankungen unterliegen, da mehrere chemische Rassen von der Pflanze existieren.

**Vergiftungssymptome:** Asaron bewirkt starke Reizung der Schleimhäute. Es führt zu Niesreiz und zu pfefferartigem Brennen auf der Zunge. Bei Einnahme kommt es zu heftiger Reizung der Magenschleimhaut, so daß Erbrechen ausgelöst wird. Es kann zu einer akuten Gastroenteritis mit starken Diarrhöen, Nierenschädigungen und Uterusblutungen kommen bzw. in der Schwangerschaft mit einer Fehlgeburt verbunden sein. Bei hohen Dosen ist tödlicher Ausgang, der dann im Schock durch zentrale Atemlähmung erfolgt, nicht auszuschließen. Auf der Haut kann außerdem erysipelartiger Ausschlag auftreten.

**Therapiemaßnahmen:** Gaben von Aktivkohle in Form der wäßrigen Aufschwemmung; bei Atemstillstand ist sofort Mund-zu-Mund-Beatmung als Erste-Hilfe-Maßnahme durchzuführen. Die weitere Behandlung muß symptomatisch durch den Arzt erfolgen.

**Geschichtliches:** Die Droge, die früher als Radix Asari offizinell war, diente einst als Brechmittel und harntreibendes Mittel. Ferner verwendete man sie bei Leberleiden und mißbräuchlich als Abtreibungsmittel. Später kam sie auch als Mittel bei Erkrankungen der Atmungsorgane zum Einsatz. Diese Anwendung ist heute noch in Form von Fertigpräparaten üblich, da die durch das trans-Isoasaron bewirkte reflektorische Anregung der Bronchialschleimhaut bereits in Dosen möglich ist, die unterhalb der toxischen liegen. Schließlich war die Droge Bestandteil von Niespulvern, u.a. im Schneeberger Schnupftabak.

# TOLLKIRSCHE

**Familie:** Nachtschattengewächse (Solanaceae)

**Name:** Wegen der Ähnlichkeit der Beerenfrüchte mit Kirschen und der Folgen ihres Genusses, die Erregungszustände bis zur Raserei und Tobsucht herbeiführen können, bezeichnet man sie als Tollkirsche. *Atropos*, griech. = die Unabwendbare, die Todesgöttin; so hieß die älteste der 3 Parzen, die den Lebensfaden abschnitt. Der Artname *belladonna*, lat., bedeutet schöne Frau, wegen der pupillenerweiternden Wirkung.

**Beschreibung:** Strauchähnliche Staude von 1,5-2 m Höhe. Die oberirdischen Organe sterben im Herbst völlig ab. Im Frühjahr entwickeln sich aus dem Wurzelstock die verästelten, stumpfkantigen Stengel. Die Blätter sind bis 20 cm lang, die Blüten stehen stets einzeln. Die schwarzen, kirschenähnlichen Beeren werden sehr ungleichmäßig reif. Die gelb blühende Abart hat grünlichgelbe Beeren. Sie schmecken süßlich fade. Im violetten Fruchtinnern sind zahlreiche nieren- bis eiförmige Samen eingebettet.

**Blütezeit:** Juni bis August.

**Vorkommen und Verbreitung:** Auf Kahlschlägen, in Waldlichtungen, an Waldwegen, auf frischen, nährstoffreichen, humosen Ton- und Lehmböden anzutreffen, deren Untergrund Kalkgestein, Porphyr oder Gneis sein kann; in West-, Mittel- und Südeuropa, auf dem Balkan, in Kleinasien, im Iran, in Nordafrika vorkommend; in Skandinavien eingebürgert.

**Toxische Bestandteile:** In sämtlichen Teilen der Pflanze ist ein hochwirksames Alkaloidgemisch, besonders Hyoscyamin und Atropin, enthalten. Die Mengen schwanken in den einzelnen Organen etwa zwischen 0,4-0,9%, berechnet auf die getrocknete Droge. Die tödliche Dosis beträgt bei Kindern 3-5, beim Erwachsenen etwa 10 Beeren.

**Vergiftungssymptome:** Auffallend toxische Erscheinungen durch atropinhaltige Pflanzenorgane sind Rötung des Gesichts, Trockenheit im Mund, Pupillenerweiterung und Pulsbeschleunigung. Höhere Dosen lösen psychomotorische Unruhe, Rededrang, Weinkrämpfe, Bewußtseinstrübung und Tobsuchtsanfälle aus.

**Therapiemaßnahmen:** Diese müssen unter ärztlicher Kontrolle (oft stationär) erfolgen. Als Erste-Hilfe-Maßnahme ist Erbrechen herbeizuführen. Danach wird Aktivkohle gegeben und Magenspülung mit eingeöltem oder einem anderen Gleitmittel versehenen Schlauch (infolge Trockenheit der Schleimhäute) durchgeführt. Als temperatursenkende Maßnahme macht man Umschläge mit nassen Tüchern, gibt aber keine fiebersenkenden Arzneimittel.

**Geschichtliches:** Theophrast, ein Schüler des Aristoteles, erwähnt die Tollkirsche in seiner »Historie plantarum« unter dem Namen mandragora und die Heilige Hildegard im 12. Jahrhundert in ihrer »Physica« unter dem Namen dolo. Als kosmetische Mittel benutzten die Frauen im Mittelalter die Säfte der Pflanze zur Pupillenerweiterung und die Beeren als Schminke.

# BERBERITZE, Sauerdorn

**Familie:** Sauerdorngewächse (Berberidaceae)

**Name:** Der Gattungsname *berberi* arab. = Muschel nimmt Bezug auf die Form der Blumenblätter; die Bezeichnung Sauerdorn bezieht sich auf die sauren Früchte und dornigen Zweige.

**Beschreibung:** Der bis zu 3 m hohe, sommergrüne Strauch hat eine glatte, weißlichgrüne Rinde. Die Laubblätter der Langtriebe wurden in bis zu 2 cm lange, meist 3teilige Dornen umgewandelt, während die büschelig stehenden Blätter der Kurztriebe elliptisch bis verkehrt-eiförmig, oberseits dunkelgrün, unterseits heller und am Rande gezahnt sind. Die gelben, stark und unangenehm riechenden Blüten stehen in niederhängenden Trauben. Die Einzelblüte besitzt 6 Kelch- und 6 Kronblätter. Die etwa 1 cm langen, walzenförmigen, roten Beerenfrüchte haben einen sauren Geschmack. Sie enthalten 1-2 fein gerunzelte, rotbraune Samen.

**Blütezeit:** Mai bis Juni.

**Vorkommen und Verbreitung:** In trockenen Gebüschen insbesondere in West-, Mittel- und Südeuropa bis zum westlichen Asien vorkommend. Häufig als Zierstrauch kultiviert.

**Toxische Bestandteile:** Einige Teile der Pflanze, insbesondere die Wurzel-, aber auch die Stammrinde, enthalten größere Mengen an Alkaloiden. Hauptalkaloid ist das Isochinolinalkaloid Berberin. Dagegen sind die Früchte alkaloidfrei und enthalten reichlich Fruchtsäuren sowie Vitamin C. Sie dienen daher auch zur Bereitung von Marmeladen, erfrischenden Getränken und als leichtes Abführmittel.

**Vergiftungssymptome:** Berberin, das in entsprechender Dosierung auch als Arzneimittel eingesetzt wird, führt in zu hohen Dosen zu Erbrechen, Nasenbluten, Benommenheit, Durchfall, Nierenreizung und u. U. zur Atemlähmung.

**Therapiemaßnahmen:** Im allgemeinen ist keine Behandlung erforderlich. Bei Einnahme größerer Mengen ist als Erste-Hilfe-Maßnahme die Bindung des Giftes durch Gaben von Aktivkohle vorzunehmen. Eine weitere Maßnahme ist u. a. Magenspülung, die jedoch wie die anschließende symptomatische Behandlung durch den Arzt erfolgen muß.

**Geschichtliches:** Die Pflanze ist ein altes Heilmittel, das insbesondere bei Leber- und Gallenleiden sowie bei Menstruationsbeschwerden zum Einsatz kam. Als Droge diente meist die Wurzelrinde (Cortex Radix Berberidis). Während diese Anwendung in der richtigen Dosierung ihre Berechtigung hat, müssen andere Empfehlungen, u. a. als Mittel gegen Malaria, als wenig sinnvoll angesehen werden. Das aus der Droge gewonnene Berberin ist ferner – parenteral appliziert – bei bestimmten Protozoenerkrankungen (Leishmaniosen) wirksam. In der Homöopathie findet die Pflanze besonders bei Leberstauungen sowie Gallen- und Nierenbeschwerden Verwendung.

# WEISSE ZAUNRÜBE · ROTBEERIGE ZAUNRÜBE

**Familie:** Kürbisgewächse (Cucurbitaceae)

**Name:** Der Gattungsname leitet sich von *bryein*, griech. = sprossen bzw. wachsen ab, *dioica*, griech = zweihäusig. Zaunrübe wegen der rübenförmigen Wurzeln und ihres Standortes an Zäunen.

**Beschreibung:** Beide Arten sind ausdauernde Pflanzen mit rübenartig verdickten Wurzeln. Die rauhhaarigen Stengel klettern mit spiralig gedrehten, unverzweigten Ranken. Die gestielten und bis über die Mitte handförmig 5lappigen Laubblätter sind borstig behaart. Die getrenntgeschlechtlichen, 5zähligen, radiären Blüten haben eine grünlichweiße, etwa 10 mm breite, trichterförmige, 5zipflige Blumenkrone.

Die Weiße Zaunrübe ist einhäusig, d.h. weibliche und männliche Blüten kommen auf der gleichen Pflanze vor. Es bilden sich etwa erbsengroße, schwarze Beerenfrüchte.

Die Rote Zaunrübe ist zweihäusig. Sie entwickelt bei der Reife scharlachrote Beerenfrüchte.

**Blütezeit:** Juni bis Juli (*B. alba*), Juni bis September (*B. dioica*).

**Vorkommen und Verbreitung:** In Mitteleuropa an Zäunen, in Gebüschen, Hecken und Auwäldern anzutreffen.

**Toxische Bestandteile:** Komplex sogenannter Cucurbitacine (tetracyclische Triterpene), die z.T. als Glycoside vorliegen und für die Toxizität entscheidend sind. Als weitere Inhaltsstoffe kommen u.a. ungesättigte Polyhydroxyfettsäuren vor.

**Vergiftungssymptome:** Bei innerlicher Einnahme treten Erbrechen, blutige Durchfälle, Koliken, Schwindel, Nierenreizung, Krämpfe, Lähmungen und Fehlgeburten auf. In besonders schweren Fällen ist tödlicher Ausgang durch Atemlähmung möglich. Äußerlicher Kontakt führt zu Hautentzündungen mit Blasen- und Geschwürbildung. Bereits beim Verzehr von 6-8 Beeren wurde mehrmaliges Erbrechen beobachtet, und 15 Beeren gelten bereits für Kinder, 40 für Erwachsene als tödlich.

Als Vergiftungsursachen kommen vor allem der Verzehr von Beeren durch Kinder, der Kontakt mit dem Preßsaft frischer Zaunrüben bzw. falsche volksheilkundliche Anwendung der Pflanze als drastisch wirkende Abführ- oder harntreibende Mittel sowie die früher praktizierte Verwendung als Abtreibungsmittel in Frage. Die getrocknete Droge hat eine wesentlich geringere Giftwirkung als die frische Pflanze.

**Therapiemaßnahmen:** Auslösen von Erbrechen, falls dies nicht ohnehin spontan einsetzt. Reichliche Gaben von Aktivkohle. Die weitere Behandlung, u.a. Magenspülung, Flüssigkeitszufuhr und atemstützende Maßnahmen, erfolgt symptomatisch durch den Arzt.

**Geschichtliches:** Über die drastisch abführende Wirkung der Zaunrübe berichten bereits die Ärzte der Antike. Die Wurzel (Radix Bryoniae) wurde als Droge verwendet.

# BUCHSBAUM

**Familie:** Buchsbaumgewächse (Buxaceae)

**Name:** Der deutsche Name ist dem Lateinischen entlehnt. *Buxus* leitet sich von der griechischen Bezeichnung *pyxos* = fest ab, wegen des Holzes; *sempervirens* bedeutet immerlebend, immergrünend.

**Beschreibung:** Langsam wachsender, buschiger Strauch, der sich an günstigen Standorten aber auch zu einem Baum von 8 m Höhe entwickeln, ein hohes Alter (200-300 Jahre) und einen Stammumfang von über 90 cm erreichen kann. Die stets immergrünen, ledrigen Blätter stehen gegenständig an den 4kantigen Stengeln. In der Gartenkultur sind viele Formen entstanden, die sich durch Farbe und Form der Blätter sowie durch besonderen Wuchs auszeichnen. Die gelblich-weißen, verhältnismäßig unscheinbaren, eingeschlechtlichen Blüten stehen in blattachselständigen Knäulen. Die weiblichen Blüten sind endständig und werden jeweils von mehreren männlichen Blüten umgeben. Die Früchte bestehen aus 3hörnigen Kapseln, die je 2 schwarzbraune, längliche Samen enthalten. Das gelbe, sehr feste, hornartige Holz ist schwerer als Wasser.

**Blütezeit:** Ende März bis Anfang Mai.

**Vorkommen und Verbreitung:** In warmen und trockenen Laubwäldern Nordafrikas sowie in Süd- und Südwesteuropa vorkommend, kalkliebend. In Mitteleuropa nur in warmen Hanglagen, z. B. im Moselgebiet, anzutreffen. Häufiger Zierstrauch, der aus Gärten mitunter verwildert.

**Toxische Bestandteile:** Die Pflanze enthält in allen Teilen ein Gemisch von Alkaloiden. In Blüten und junger Rinde beträgt der Gehalt etwa 2%, in den anderen Pflanzenteilen liegt er etwas darunter. Strukturell handelt es sich um Steroidalkaloide der Pregnanreihe, die auch für die Toxizität der Pflanze verantwortlich sind. Die Blattdroge war früher als Heilmittel im Gebrauch. Vergiftungen beim Menschen erfolgten zuweilen durch Überdosierungen, besonders in der Volksheilkunde.

**Vergiftungssymptome:** Erste Anzeichen einer Vergiftung sind Erbrechen, Durchfall und heftige Krämpfe. Diesen folgen Lähmungserscheinungen. Bei tödlichem Ausgang kommt es zum Tod durch Atemlähmung.

**Therapiemaßnahmen:** Die Behandlung der Vergiftung, die meist stationär erfolgen muß, ist nach primärer Giftentfernung durch das Auslösen von Erbrechen bzw. Gaben von Aktivkohle oft erst nach Ausschaltung der Krämpfe möglich und erfolgt dann symptomatisch.

**Geschichtliches:** *Buxus* wird bei fast allen griechischen und römischen Schriftstellern erwähnt. Der Buchsbaum ist seit vielen Jahrhunderten in Mitteleuropa in Kultur, u. a. für Hecken und Friedhofspflanzungen. Die Blätter wurden arzneilich, vor allem in der Volksheilkunde bei chronischen Hautleiden, u. a. bei Lues, bei Gicht und Rheuma und auch als Chininersatz bei Malariaerkrankungen, genutzt. Das Holz des Buchsbaumes verwendet man wegen seiner festen, gelben, hornartigen Beschaffenheit besonders für Drechselarbeiten.

# SUMPFSCHLANGENWURZ

**Familie:** Aronstabgewächse (Araceae)

**Name:** Der Gattungsname leitet sich von *kallos*, griech. = körperliche Schönheit ab, da der Blütenstand von einer schönen weißen Hülle umgeben ist, *palustris*, lat. = im Sumpf wachsend.
Schlangenwurz weist auf die frühere Anwendung gegen Schlangenbisse hin. Weitere Namen sind Drachenwurz oder Schweinsohr.

**Beschreibung:** Die ausdauernde, bis etwa 40 cm Höhe erreichende Pflanze besitzt einen kriechenden, gegliederten Wurzelstock. Die grundständigen, herzförmigen bis rundlichen Blätter sind gestielt. Der runde Blütenschaft erhebt sich aus scheidenförmigen Niederblättern. Das außen grüne, innen weiße, eiförmige Hochblatt ist anfangs tütenförmig und breitet sich nach oben aus. Der am Grunde nackte Blütenkolben wird zur Spitze zu von meist zwittrigen, nackten Blüten besetzt. Die Frucht ist eine scharlachrote, mehrsamige Beere mit eiförmigen Samen.

**Blütezeit:** Mai bis Juli.

**Vorkommen und Verbreitung:** An sumpfigen Stellen, in Mooren und Bruchwäldern in Mittel- und Nordeuropa, Asien, Nordamerika, jedoch selten, vorkommend.

**Toxische Bestandteile:** Ein Gemisch von »flüchtigen Scharfstoffen«, das insbesondere im Wurzelstock enthalten ist, mit nur teilweise bekannter chemischer Struktur und vermutlich den Wirkstoffen des Aronstabs ähnelnd. Außerdem sind wenig Calciumoxalate in Form von feinen Nadeln enthalten. Der scharfe Geschmack des Rhizoms verschwindet nach Hitzebehandlung und damit auch die Toxizität.

**Vergiftungssymptome:** Da das natürliche Vorkommen der Pflanze stark zurückgegangen ist, sind Vergiftungen relativ selten. Die scharf schmeckenden Stoffe der Frischpflanze üben eine Ätzwirkung auf Haut und Schleimhäute aus. Daher wurden Vergiftungen auch durch den Genuß der Beeren oder Saugen an den Stengeln beobachtet. Sie verlaufen analog denen beim Aronstab: Neben der o.a. Reizwirkung bei äußerlicher Einwirkung auf die Haut kommt es innerlich zunächst zu Brennen und Prickeln im Mund sowie Brechreiz. Nach Einnahme größerer Mengen treten Magen-Darm-Entzündungen, Schwindelgefühl und Krämpfe auf.

**Therapiemaßnahmen:** Eine Behandlung ist nur nach Einnahme größerer Mengen erforderlich. Sie erfolgt dann symptomatisch durch den Arzt, wobei als Erste-Hilfe-Maßnahme die primäre Giftentfernung bzw. Giftinaktivierung durch das Auslösen von Erbrechen und Gaben von Aktivkohle in Frage kommt.

**Geschichtliches:** Die früher in der Volksheilkunde übliche, nicht ungefährliche Anwendung des Wurzelstockes bei Schlangenbissen ist vermutlich auf den schlangenartig geformten Wurzelstock zurückzuführen.

# SUMPFDOTTERBLUME

**Familie:** Hahnenfußgewächse (Ranunculaceae)

**Name:** Der Gattungsname stammt möglicherweise wegen der Blütenform von *calathus* = Schale, Körbchen.

**Beschreibung:** Die etwa 15-30 cm hohe, ausdauernde Pflanze besitzt einen sehr kurzen Wurzelstock. Er ist mit einem Büschel langer, verhältnismäßig dicker, weißer Wurzeln besetzt. Der hohle Stengel steigt auf oder liegt darnieder, wobei er dann meist an den Knoten wurzelt und neue Pflanzen bildet. Die unteren Blätter sind langgestielt, nieren-herzförmig, am Rande gekerbt, glänzend dunkelgrün. Die kurzgestielten, stengelumfassenden Blätter des Sprosses weisen häufig eine häutige, vertrocknete Blattscheide auf. Die etwa 4 cm breite, einfache Blütenhülle besteht in der Regel aus 5 glänzendgelben Blütenblättern mit zahlreichen Staub- und Fruchtblättern. Aus letzteren entwickeln sich Balgfrüchte.

**Blütezeit:** April bis Juni.

**Vorkommen und Verbreitung:** Auf nährstoffreichen Sumpfwiesen, an Quellen, Bächen und Gräben auf der gesamten nördlichen Halbkugel vorkommend.

**Toxische Bestandteile:** Die Giftstoffe wurden noch nicht eindeutig erkannt. Während in der Wurzel das Benzylisochinolinalkaloid Magnoflorin vorliegt, wies man in den Blättern u.a. Saponine nach. Vermutlich enthält die frische Pflanze auch in geringer Menge Protoanemonin.

**Vergiftungssymptome:** Nach Verzehr der Blätter, z.B. als Salat, stellt sich starke Reizung der Verdauungsorgane mit Erbrechen, Durchfall und Kopfschmerzen ein. Auch Bläschenausschläge an der Haut wurden beobachtet.

**Therapiemaßnahmen:** Im allgemeinen sind keine Maßnahmen notwendig. Erforderlichenfalls als Erste-Hilfe-Gaben von Aktivkohle oder Herbeiführen von Erbrechen. Beim Verzehr größerer Mengen muß die Weiterbehandlung symptomatisch durch den Arzt erfolgen.

**Geschichtliches:** In der Heilkunde verwendete man früher das blühende Kraut (Herba et Flores Calthae palustris) ähnlich wie das von *Pulsatilla*-Arten recht vielseitig, u.a. bei Hauterkrankungen und Menstruationsstörungen. Die heutige Verwendung, u.a. bei juckenden Hautausschlägen, Bronchitiden und Menstruationsstörungen, ist auf die Homöopathie beschränkt. Die Blütenknospen wurden früher auch als Gewürz, sogenannte deutsche Kapern, verwendet. Vor dem Genuß muß jedoch gewarnt werden. Dagegen hat die frühere Verwendung der Blüten zum Gelbfärben der Butter wegen der geringen Mengen, die eingesetzt wurden, keinen Anlaß zu Vergiftungen gegeben.

# HANF

**Familie:** Hanfgewächse (Cannabaceae)

**Name:** *Kannabis* (griech.) ist bei Plinius die Bezeichnung für diese Pflanze. Man leitet sie vom Altindischen ab und führt die Sanskritnamen der Pflanze Banga und Gaugika an, deren Wurzel *ang* oder *an* in allen indoeuropäischen oder semitischen Sprachen wiederkehrt, z. B. *Kanas* im Keltischen, *Cannab* im Arabischen oder *Hanaf* im Althochdeutschen.

**Beschreibung:** Die einjährige zweihäusige Pflanze erreicht eine Höhe von 1-1,5 m. Ihre sehr charakteristischen Blätter stehen gegenständig, im oberen Teil auch wechselständig und sind mit meist 5-7 lanzettlichen, grob gezähnten Abschnitten gefingert. Die Blüten weisen keine oder nur eine unscheinbare Blütenhülle auf. Die männliche Pflanze besitzt rispenartig angeordnete Staubblätter; die weibliche Pflanze hat grüne Stempelblüten, deren 2griffliger Fruchtknoten von einem Vorblatt kapuzenartig umhüllt wird, das dicht mit Drüsenhaaren besetzt ist. Die Blüten sind zu Scheinähren vereinigt. Die Frucht ist eine graubraune, einsamige Nuß.

**Blütezeit:** Juli bis August.

**Vorkommen und Verbreitung:** Die in den Steppengebieten Zentralasiens heimische Pflanze wird heute in den gemäßigten und tropischen Zonen beider Hemisphären als Faserpflanze kultiviert.

**Toxische Bestandteile:** Die Pflanze enthält ein Gemisch von sogenannten Cannabinoiden, die in den herzartigen Exkreten der Drüsenschuppen besonders von weiblichen Pflanzen vorliegen. Die Menge an Cannabinoiden und die Zusammensetzung des Wirkstoffgemisches sind genetisch determiniert, und die Wirkstoffbildung ist auch von klimatischen Faktoren abhängig.

Die Triebspitzen werden illegal als Marihuana oder Kif, das abgestreifte Harz als Haschisch gehandelt.

**Vergiftungssymptome:** Durch Mißbrauch der Droge für Rauschzwecke kann es zu Vergiftungserscheinungen kommen, die sich in Übelkeit, Erbrechen, Tränenfluß, Reizhusten, Angstgefühl und Taubsein der Extremitäten äußern. Zubereitungen der Pflanze unterliegen dem Suchtmittelgesetz.

**Geschichtliches:** Die Pflanze war schon vor etwa 3000 Jahren in China, Indien und Ägypten als Arzneipflanze, u. a. als schmerzstillendes Mittel und gegen Epilepsie, bekannt. Nach Herodot sollen die Skythen, ein iranisches Reitervolk des 8. Jahrhunderts v. Chr., den Rauch von getrockneten Hanfblüten zur Erzeugung von Rauschzuständen genutzt haben.

Als Rauschdroge war *Cannabis* in Asien und Afrika seit Jahrhunderten bekannt und als traditionelle Kulturdroge Bestandteil des religiösen, rituellen und weltlichen Brauchtums.

# GEMEINER ERBSENSTRAUCH

**Familie:** Schmetterlingsblütengewächse (Fabaceae)

**Name:** Der Gattungsname geht offenbar auf einen kirgisischen Trivialnamen zurück; *arborescens*, lat. = baumartig werdend. Erbsenstrauch, weil die Hülsenfrüchte an Erbsen erinnern.

**Beschreibung:** Der etwa 2-5, mitunter sogar 7 m hohe Strauch, vereinzelt auch als Baum vorkommend, besitzt langgestielte, goldgelbe Blüten, die zu 1-3 aus den Blattachseln entspringen. Die paarig gefiederten Blätter bestehen aus 4- bis 6paarigen, elliptischen Teilblättchen. Sie sind hellgrün, weichhaarig, bis etwa 2,5 cm lang und haben eine kleine Stachelspitze. Die jungen grünen Zweige sind behaart. Sie verfärben sich später gelbgrün und verkahlen. Die Frucht ist eine etwa 10 cm lange, vielsamige, stachelspitzige, braune, im Vergleich zum Goldregen wesentlich dünnere, nur etwa 5 mm breite Hülse. Im Reifezustand springt sie bei Berührung auf und entläßt etwa 12 längliche Samen, die gelblich bzw. je nach Reifegrad bräunlich gefärbt sind. Es gibt inzwischen zahlreiche Gartenformen des Erbsenstrauches. Diese beanspruchen in der Regel weniger Platz als die Stammform.

**Blütezeit:** Mai bis Mitte Juni.

**Vorkommen und Verbreitung:** Heimat Asien, in Europa als winterharter, genügsamer Zierstrauch häufig angepflanzt, z. T. auch verwildert vorkommend.

**Toxische Bestandteile:** Vermutlich Lektine, jedoch existieren keine exakten Angaben.

**Vergiftungssymptome:** Obwohl die eiweißreichen Samen angeblich zur menschlichen Ernährung und als Geflügelfutter genutzt wurden, kam es sowohl beim Menschen, z. B. bei Zusatz von Blüten zum Eierkuchenteig und dessen Verzehr nach dem Verbacken, als auch bei Tieren zu Vergiftungen. So wird von schweren Koliken bei Pferden berichtet, die an dem Strauch gefressen hatten. Daher muß vor dem Genuß jeglicher Zubereitungen aus Blüten oder Samen des Erbsenstrauches gewarnt werden.

**Therapiemaßnahmen:** Die Behandlung sollte primär durch Auslösen von Erbrechen sowie in der Bindung des Giftes an Aktivkohle bestehen, um es auf diese Weise zu inaktivieren und seinen Übertritt ins Blut zu verhindern. Eine evtl. erforderliche anschließende Magenspülung wie auch die weitere symptomatische Behandlung müssen durch den Arzt erfolgen.

**Geschichtliches:** Der Erbsenstrauch wurde von Linné (1753) in seinem für die botanische Nomenklatur maßgeblichen Werk »Species plantarum« als *Robinia caragana* beschrieben. 30 Jahre später trennte Lamarck in seiner »Encyclopédie méthodique botaniqué« den Erbsenstrauch mit noch einigen anderen Arten von der Gattung *Robinia* ab und gab ihm den von Linné gewählten Artnamen *Caragana*.

# TAUMELKÄLBERKROPF

**Familie:** Doldengewächse (Apiaceae)

**Name:** Der Gattungsname leitet sich von *chairein*, griech. = sich freuen und *phyllon* = Blatt ab, d.h. durch schöne, große Blätter Freude bereitend; *temulentus*, lat. = betäubend.

**Beschreibung:** Die zweijährige, bis 80 cm Höhe erreichende Pflanze bildet eine spindelförmige, rötlichgelbe Wurzel. Der aufrechte Stengel ist hohl, rotgefleckt, rund, fein gefiedert und in den unteren Teilen rauh, oben anliegend behaart. Die unteren Blätter sind doppelt, die oberen 3fach fiederteilig mit scheidigen, oberseits rinnenförmigen Blattstielen der Stengelblätter. Die in 6- bis 12strahligen Dolden angeordneten weißen Zwitterblüten weisen in der Regel kleine Hüllblättchen auf. Die 5 weißen Staubgefäße sind etwas länger als die ebenfalls weißen Kronblätter der Blüten. Aus den beiden Fruchtblättern entwickelt sich die für die Familie typische Spaltfrucht (Diachäne).

**Blütezeit:** Mai bis Juli.

**Vorkommen und Verbreitung:** An Zäunen, Hecken, Gebüschen in nahezu ganz Europa anzutreffen.

**Toxische Bestandteile:** Die Angaben über toxische Inhaltsstoffe sind uneinheitlich. Nachgewiesen wurden im Kraut Polyine in toxischen Konzentrationen. Außerdem sollen conniinähnliche Alkaloide, u.a. Chaerophyllin, ebenfalls im Kraut enthalten sein.

**Vergiftungssymptome:** Nach bisherigen Befunden besitzt Chaerophyllin mäßige Toxizität. Es wirkt zunächst örtlich reizend sowohl äußerlich auf die Haut als auch bei Einnahme auf die Schleimhäute so daß Entzündungen des Magen-Darm-Traktes hervorgerufen werden. Nach der Resorption stellen sich Taumeln, Pupillenerweiterung und fortschreitende Lähmungen ein. Letztere erinnern stark an die durch Taumellolch (*Lolium temulentum*) ausgelösten Symptome.

**Therapiemaßnahmen:** Bisher sind beim Menschen keine ernsthaften Vergiftungen bekanntgeworden. Sie müßten gegebenenfalls nach Inaktivierung des Giftes durch Gaben von Aktivkohle symptomatisch durch den Arzt behandelt werden. Dagegen wurden beim Vieh Vergiftungen beobachtet, die bis zu Lähmungszuständen führten. Nach der Giftentfernung durch Aktivkohle muß auch hier die weitere Behandlung symptomatisch erfolgen.

**Geschichtliches:** Im Gegensatz zum Taumelkälberkropf ist der Knollige Kälberkropf (*Chaerophyllum bulbosum* L.) mit seinen dicken, stärkereichen Wurzelknollen, auch als Kerbelrübe oder Erdkastanie bezeichnet, eßbar und diente früher als Nahrungsmittel. Das Kraut unterscheidet sich vom geruchlosen Taumelkälberkropf durch einen angenehmen Duft. Das frische blühende Kraut von *Ch. temulum* findet noch heute in der Homöopathie Anwendung.

# SCHÖLLKRAUT

**Familie:** Mohngewächse (Papaveraceae)

**Name:** Der Gattungsname leitet sich vom *chelidon*, griech. = Schwalbe ab, da die Pflanze beim Eintreffen der Schwalben treibt und bei ihrem Wegzug welkt. Der deutsche Name Schöll- oder Schellkraut entstammt der wissenschaftlichen Bezeichnung *chelidonium*.

**Beschreibung:** Die bis zu etwa 80 cm hohe, ausdauernde Pflanze besitzt einen walzenförmigen Wurzelstock. Der hohle, runde oder schwach kantige Stengel ist an den Knoten verdickt, gabelästig und abstehend behaart. Die grünen bis grüngrauen Blätter haben eine hellere Unterseite und sind unpaarig gefiedert mit rundlichen, buchtig gekerbten bis eingeschnittenen Fiederblättchen. Die 4zähligen, gelben, etwa 1-2 cm großen, radiären Blüten mit 2 freien Kelchblättern stehen in wenigblütigen Dolden und weisen zahlreiche Staubblätter auf. Aus den beiden Fruchtblättern entwickelt sich eine schotenförmige, etwas zusammengedrückte Kapsel mit vielen eiförmigen, schwarzen, in 2 Reihen angeordneten Samen. Sämtliche Teile der Pflanze enthalten einen gelben Milchsaft.

**Blütezeit:** Mai bis September.

**Vorkommen und Verbreitung:** In Gebüschen, an Mauern, auf Unkrautfluren weit verbreitet in Europa, Asien und im atlantischen Nordamerika.

**Toxische Bestandteile:** Die Pflanze enthält einen Komplex von Alkaloiden, die meist dem Benzophenanthridin- und dem Protoberberintyp angehören. Der Alkaloidgehalt beträgt in der Wurzel 1-2% und im Kraut 0,5- 1%.

**Vergiftungssymptome:** Die aus der Pflanze gewonnenen Alkaloide werden arzneilich eingesetzt, ebenso wie die Droge in Leber- und Gallentees. Die Vergiftungsgefahr durch die Pflanze ist gering. Nur bei Einnahme sehr hoher Dosen sind Reizwirkungen auf den gesamten Verdauungstrakt, wie Brennen und Blasenbildung in Mund und Rachen, Übelkeit sowie mit Koliken einhergehende, blutige Durchfälle möglich.

**Therapiemaßnahmen:** Eine Behandlung dürfte nur nach Einnahme größerer Mengen erforderlich sein. Nach primärer Entfernung des Giftes durch Auslösen von Erbrechen und nachfolgende Gaben von Aktivkohle erfolgen weitere Maßnahmen, u.a. Magenspülung, symptomatisch unter ärztlicher Kontrolle.

**Geschichtliches:** Wegen seines gelben Milchsaftes hat das Schöllkraut von jeher das Interesse des Menschen geweckt. Die Alchimisten nannten die Pflanze eine Himmelsgabe, weil sie in dem gelben Saft alle 4 Elemente und den Stein der Weisen, die Kunst des Goldmachens, vermuteten. Die zuweilen übliche Bezeichnung Warzenkraut deutet auf die in der Volksheilkunde übliche Verwendung des gelben Milchsaftes als Mittel gegen Warzen hin.

# WASSERSCHIERLING

**Familie:** Doldengewächse (Apiaceae)

**Name:** *Cicuta*, lat. = Wasserschierling, *virosa*, lat. = giftsaftig.

**Beschreibung:** Ausdauernde, bis etwa 1,5 m hohe Giftpflanze mit knollenartig verdicktem Rhizom. Dieses Rhizom und der untere Teil des hohlen Stengels sind im Inneren durch Querwände unterteilt. Die »Kammerung« gilt als wichtiges Erkennungsmerkmal für die Pflanze. Die 2- bis 3fach gefiederten Blätter bestehen aus schmal-lanzettlichen, sehr spitz zulaufenden Fiederblättchen. Die 15- bis 25strahlige Doppeldolde besitzt kleine, weiße Blüten mit 5blättriger Blumenkrone, die Frucht ist eine fast kuglige oder eiförmige Spaltfrucht. Beim Zerschneiden der Pflanze tritt ein gelblicher Saft aus, der sellerieartig riecht und an der Luft zunächst eine orangegelbe, später braune Farbe annimmt.

**Blütezeit:** Juni bis August.

**Vorkommen und Verbreitung:** Besonders in Nord- und Mitteleuropa bis Zentralasien, bevorzugt an Tümpeln, Sümpfen, Teichen und langsam fließenden Gewässern, vorkommend.

**Toxische Bestandteile:** Das toxische Polyin Cicutoxin ist in besonders hoher Konzentration im Rhizom (0,2% des Frischgewichtes bzw. 3,5% des Trockengewichtes) anzutreffen. Weitere Inhaltsstoffe, wie u.a. das Cicutoxol und andere Polyine, ebenso Furanocumarine, sind für die Giftwirkung der Pflanze nicht verantwortlich. 2-3 g des Rhizoms des Wasserschierlings enthalten die für einen Menschen tödliche Menge Cicutoxin. Die Pflanze gilt daher als gefährlichste Giftpflanze Mitteleuropas.

**Vergiftungssymptome:** Symptome einer Cicutoxinvergiftung sind Brennen in Mund und Rachen, Leibschmerzen, Benommenheit und Empfindungslosigkeit. Unter Erbrechen und Aufschreien setzen dann erste Krampfanfälle ein, die bis zu 2 Minuten dauern können und sich in Abständen von etwa 15 Minuten bis zur totalen Erschöpfung wiederholen Bei tödlichem Ausgang kommt es zu Atemlähmung während eines Anfalls oder unmittelbar danach. Die häufigsten Vergiftungen mit Wasserschierling werden bei Kindern beobachtet, die an den Pflanzenteilen kauen oder sie teilweise auch verzehren. Sie ereignen sich meist im Frühjahr, wenn der Gehalt an Cicutoxin besonders hoch ist. Vergiftungsmöglichkeiten sind ebenfalls durch Verwechslung der Pflanze mit genießbaren Küchengewürzen gegeben.

**Therapiemaßnahmen:** Bei Verdacht einer Vergiftung mit Wasserschierling ist sofort und auf schnellstem Wege eine klinische Behandlung nötig. Hier stellt die wichtigste therapeutische Maßnahme die Verhinderung der schweren Krämpfe dar. Auch die erforderliche Magenspülung muß wegen der Krampfgefahr im narkotisierten Zustand erfolgen. Bei Lähmungserscheinungen ist ferner künstliche Beatmung notwendig.

**Geschichtliches:** Die Giftwirkung des Wasserschierlings ist seit langem bekannt. Er wurde sowohl für Giftmorde verwendet als auch zur Selbsttötung.

# WUNDERSTRAUCH, Krotonpflanze

**Familie:** Wolfsmilchgewächse (Euphorbiaceae)

**Name:** *Codiaeum* nach dem malaiischen latinisierten Namen der Pflanze kodiho; *variegatus*, lat. = verschiedenartig, bunt; *pictum*, lat. = gefleckt, gezeichnet.

**Beschreibung:** Der buschig wachsende Strauch wird in seinem Heimatgebiet etwa 2,5 m, dagegen bei uns im Gewächshaus bis 2 m und im Zimmer bis etwa 1 m hoch. Die etwa 20 cm langen, ovalen oder lanzettförmigen Blätter sind flach oder stark gebogen, glatt oder gerillt. Ihre gelbe Grundfarbe wird durch grüne, rote oder bronzene Farbtöne überlagert; dies führt zu einer abwechslungsreichen bunten Färbung, wobei die verschiedenen Farben Säume, Flecken oder Streifen bilden. Die grünlichen, unscheinbaren Blüten sind eingeschlechtlich, wobei sich aber männliche und weibliche Blüten auf der gleichen Pflanze befinden. Nur in Ausnahmefällen kommt es bei der Zimmerpflanze zur Fruchtbildung.

**Blütezeit:** März bis Mai (als Zimmerpflanze).

**Vorkommen und Verbreitung:** Die grünblättrige Normalform ist in Südostasien heimisch. Die Varietäten werden in allen Ländern mit feuchtem Tropenklima als Ziersträucher gezogen, in Europa als Zimmerpflanze.

**Toxische Bestandteile:** Die Pflanze enthält einen farblosen Milchsaft, dessen Bestandteile nur teilweise in ihrer Struktur bekannt sind. Vermutlich handelt es sich bei den toxischen Stoffen um den Phorbolestern ähnliche Verbindungen, wie sie auch in anderen Wolfsmilchgewächsen vorliegen.

**Vergiftungssymptome:** Der Kontakt mit der Pflanze besonders beim gärtnerischen Umgang führt leicht zur Bildung von sogenannter Kontaktdermatitis. Wenn man Pflanzenteile kaut oder verzehrt wie gelegentlich Kinder, kommt es zu starken Reizungen im Mund-Rachen-Raum bzw. im Magen-Darm-Trakt.

**Therapiemaßnahmen:** Bei der Ausbildung von Ekzemen auf der Haut sollte der Hautarzt konsultiert werden. Prinzipiell sind beim Kontakt mit der Pflanze die betreffenden Hautpartien gut zu reinigen.

Nach Einnahme größerer Mengen sofortige Magenspülung mit Aktivkohle durch den Arzt. Bei kleinen Mengen gibt man eine Aufschwemmung von Aktivkohle und schleimhaltige Zubereitungen, z.B. Haferschleim, zur Abstumpfung der Reizwirkung.

**Geschichtliches:** *Codiaeum variegatum* wurde von Linné ursprünglich mit dem Namen Croton belegt. Erst 1824 nahm sie A. de Jussieu in die neue Gattung *Codiaeum* auf. Die buntlaubigen Zweige der Pflanze dienen in ihren Heimatgebieten als Festschmuck. Sie werden auch in Europa in der Blumenbinderei in Kombination mit exotischen Blüten verwendet. Arzneiliche Bedeutung hatte lediglich eine botanisch eng verwandte Pflanze, nämlich *Croton tiglium*. Aus den Samen des ebenfalls in Ostasien heimischen Baumes gewann man das Crotonöl, das drastische Abführwirkung besitzt und sehr toxisch ist.

# HERBSTZEITLOSE

**Familie:** Liliengewächse (Liliaceae)

**Name:** Die wissenschaftliche Gattungsbezeichnung geht auf den antiken Namen Colchis, eines Gebietes an der Ostküste des Schwarzen Meeres, zurück, das schon in der griechischen Mythologie (Medea), als Heimat der Gifte und Giftmischerinnen genannt wird.

**Beschreibung:** Knollengewächs mit wenigen grundständigen Blättern und ansehnlichen lila- bis rosafarbigen Blüten. Die Blütenröhre spaltet sich oben in 6 Abschnitte, in ihr sind 6 Staubgefäße und an deren Grund Drüsen mit Nektar vorhanden. Die Knolle, eine Art Doppelknolle, sitzt mindestens 15 cm tief in der Erde. Stets findet man alte Knollenreste neben der neuen Knolle, aus der sich im Frühjahr der Blattschopf und die 3fächrigen Kapselfrüchte mit den kleinen, braunen Samen entwickeln. Diese besitzen ein klebriges Anhängsel, die sogenannte Klebwarze.

**Blütezeit:** August bis Oktober, je nach Höhenlage, in höheren Lagen früher als in der Ebene.

**Vorkommen und Verbreitung:** Auf frischen bis nassen, tiefgründigen Naturwiesen, auch Überschwemmungen vertragend, in Mittel-, West- und Südeuropa sowie Nordafrika vorkommend.

Zur gleichen Gattung gehören noch 30 weitere in Europa, Westasien und Nordafrika beheimatete Arten, von denen einige in Gärten auch als Kreuzungen – kultiviert werden.

**Toxische Bestandteile:** Alle Teile der Pflanze, besonders die Samen, enthalten das alkaloidartige Colchicin sowie strukturell ähnliche Verbindungen. Als tödliche Dosis gelten etwa 1,5 g Samen für Kinder und etwa 5,0 g für Erwachsene.

**Vergiftungssymptome:** Erste Symptome treten etwa 2-6 Stunden nach der Einnahme auf. Sie äußern sich durch Brennen und Kratzen im Mund mit Schluckbeschwerden. Charakteristisch sind neben Übelkeit und Erbrechen akute Koliken mit schleimig-wäßrigen, z. T. blutigen Durchfällen. Im weiteren Verlauf der Colchicinvergiftung kommt es zu Temperatur- und Blutdruckabfall, Krämpfen und Lähmung. Der Tod erfolgt durch Atemlähmung.

**Therapiemaßnahmen:** Bei begründetem Verdacht einer Colchicinvergiftung ist unverzüglich stationäre Behandlung erforderlich. Erste-Hilfe-Maßnahmen durch primäre Giftentfernung, wie das Auslösen von Erbrechen und Gaben von Aktivkohle, sind nur sinnvoll, wenn diese kurz nach der Einnahme des Giftes erfolgen.

**Geschichtliches:** Dioscurides erwähnt in der »De materia medica« schon Kolchikon (gemeint ist *Colchicum latifolium* S. et S.). Als Synonym gibt er den Namen ephemeron an.

Die Pflanze zeichnet sich vom Altertum bis in die Gegenwart durch eine wechselvolle Geschichte sowohl als Gift- wie auch als Arzneipflanze aus. Neben der jahrhundertealten Anwendung als Gichtmittel besonders beim Gichtanfall wird das aus den Samen gewonnene Colchicin heute auch unter strenger ärztlicher Kontrolle bei bestimmten Hauterkrankungen angewendet. Als Mitosegift ist Colchicin ferner eine wichtige Modellsubstanz in der Molekularbiologie.

# BLASENSTRAUCH

**Familie:** Schmetterlingsblütengewächse (Fabaceae)

**Name:** Der Gattungsname leitet sich von *Kolutea*, griech. = Linsenbaum ab, *arborescens*, lat. = baumähnlich. Die deutsche Bezeichnung Blasenstrauch geht auf die aufgeblasene Frucht zurück.

**Beschreibung:** Der bis zu 4 m, meist jedoch etwa 2-3 m hohe, buschige Strauch weist in der Jugend graugrüne, an der Sonnenseite rötliche und angedrückt behaarte Zweige auf: Die unpaarig gefiederten, in der Regel kahlen Blätter mit meist 11 Einzelblättchen stehen alternierend auf einem oberseits rinnigen Stiel. Die Fiederblätter sind verkehrt eiförmig, vorn abgerundet, die Nebenblätter kurz, 3eckig und spitz. Die großen, gelben Schmetterlingsblüten befinden sich in achselständigen, 2- bis 6blütigen Trauben. Die etwa 2 cm lange Einzelblüte ist vor dem Aufblühen gestürzt. Die 5blättrige Blumenkrone weist eine große, rundliche Fahne mit braunrotem Fleck am Grund auf. Die aus dem einblättrigen Fruchtknoten hervorgehende Frucht ist eine deutlich aufgeblasene, 5-7 cm lange und 2-5 cm breite, vielsamige, hellbraune, nicht aufspringende Hülse mit pergamentartigem Perikarp und bis zu 40, oft in 3 oder 4 Reihen stehenden, braunschwarzen Samen. Als Folge der langen Blühdauer trägt der Strauch Blüten und reife Früchte gleichzeitig.

**Blütezeit:** Juni bis August.

**Vorkommen und Verbreitung:** Das natürliche Vorkommen des Blasenstrauches liegt rings um das Mittelmeergebiet sowie am Oberrhein. Heute in trockenen Wäldern und Gebüschen besonders in Südwest- und Südeuropa vorkommend, häufig in anderen Gebieten als Zierstrauch kultiviert.

**Toxische Bestandteile:** Die Samen der Pflanze enthalten die toxische Aminosäure Canavanin sowie Lektine. Dagegen sind die Angaben über das Vorliegen des giftigen Alkaloids Cytisin zweifelhaft.

**Vergiftungssymptome:** Beim Verzehr der Samen kann es besonders bei Kindern zu Entzündungen des gesamten Magen-Darm-Traktes mit starkem Brechreiz, kolikartigen Bauchschmerzen und Durchfall kommen.

**Therapiemaßnahmen:** Eine Behandlung ist meist nicht erforderlich, da die Giftstoffe durch spontanes Erbrechen entfernt werden. Sonst Gaben von Aktivkohle und symptomatische Behandlung, insbesondere Ersatz des Flüssigkeits- und Elektrolytverlustes, unter ärztlicher Kontrolle.

**Geschichtliches:** In der Volksheilkunde diente der Blasenstrauch einst als abführend wirkende Droge (Folia Coluteae, Folia Sennae germanicae) sowie als Diuretikum und Blutreinigungsmittel. Wegen der Vergiftungsgefahr hat die Pflanze heute keine medizinische Bedeutung mehr. Die bitter schmeckenden Blätter werden besonders gern von Ziegen und Schafen (»Schaflinsen«) gefressen. Aus diesem Grunde wurde der Blasenstrauch schon während der Antike als Viehfutter angebaut.

# GEFLECKTER SCHIERLING

**Familie:** Doldengewächse (Apiaceae)

**Name:** *koneion*, griech. = Schierling, *maculatus*, lat. = gefleckt.

**Beschreibung:** Die ein- bis zweijährige Pflanze mit weißer, spindelförmiger Wurzel wird 1-2,5 m hoch. Der runde Stengel ist fein gerillt, hohl und besonders im unteren Teil unregelmäßig rotbraun gefleckt. Die unteren Blätter sind sehr groß, kahl, kräftiggrün und 2- bis 4fach gefiedert. Sie werden nach oben kleiner. Die weißen, 5zähligen Blüten stehen in 12- bis 20strahligen, zusammengesetzten Dolden. Die aus dem 2fächrigen Fruchtknoten hervorgehenden eiförmigen, unbehaarten Spaltfrüchte besitzen wellig gekerbte Rippen. Die Pflanze riecht unangenehm, an Mäuseurin erinnernd.

**Blütezeit:** Juni bis August.

**Vorkommen und Verbreitung:** In ganz Europa, im Norden allerdings etwas seltener, ebenso in Asien und Amerika an stickstoffreichen Ruderalstellen in der Nähe menschlicher Wohnungen, an Mauern, Zäunen, auf Äckern und Brachland vorkommend.

**Toxische Bestandteile:** Piperidinalkaloide mit Coniin und Conicein als Hauptkomponenten sind in allen Teilen der Pflanze und in relativ hoher Konzentration in den Früchten enthalten. Frische Früchte weisen etwa 1-3% Alkaloide, die frisch getrockneten etwa 0,75% auf. Ebenso liegt der Gehalt beim frischen Kraut zwischen 0,1-1,5% und nach der Trocknung bei 0,01%. Die tödliche Dosis für den Menschen beträgt bei Coniin 0,5 – 1,0 g.

**Vergiftungssymptome:** Coniin und seine Begleitalkaloide werden über die Schleimhäute des Magen-Darm-Traktes und ebenso über die intakte Haut schnell resorbiert. Erste Vergiftungssymptome sind Brennen in Mund und Rachen, Schweißausbruch, Sehstörungen sowie Schwäche in den Beinen. Nach Einnahme größerer Dosen stellen sich bereits im Anfangsstadium Übelkeit, Erbrechen und Durchfälle ein. Danach kommt es zur typischen aufsteigenden Lähmung, die an den Beinen beginnt und sich über Rumpf, Arme und Gesicht fortsetzt. Der Tod erfolgt durch Atemlähmung bei völlig erhaltenem Bewußtsein.

Vergiftungen durch den Gefleckten Schierling sind heute selten, jedoch durch Verwechslung von Pflanzenteilen mit Küchenkräutern oder -gewürzen möglich, z.B. mit Meerrettich- oder Petersilienwurzel bzw. mit den Früchten des Aniskrautes oder dem Petersilienkraut.

**Therapiemaßnahmen:** Resorptionshindernde Maßnahmen, vor allem Auslösen von Erbrechen und Gaben von Aktivkohle. Die weitere Behandlung erfolgt symptomatisch unter ärztlicher Kontrolle.

**Geschichtliches:** Die Giftigkeit des Gefleckten Schierlings war bereits im Altertum bekannt, und er diente, z.T. mit Opium vermischt, als Mord- und Selbstmordmittel sowie auch zur Vollstreckung von Todesurteilen. Bekanntgeworden ist er insbesondere durch den Tod des Sokrates, der den sogenannten Schierlingsbecher mit dem Preßsaft frischer unreifer Früchte leeren mußte und dessen Vergiftungsablauf durch seinen Schüler Plato im »Phaidon« beschrieben wurde.

# MAIGLÖCKCHEN

**Familie:** Liliengewächse (Liliaceae)

**Name:** *con vallis*, lat. = rings umschlossenes Teil, *majalis*, lat. = im Mai blühend, weist wie der deutsche Name auf die Blütezeit hin.

**Beschreibung:** Die ausdauernde, etwa 10-20 cm hohe Pflanze besitzt ein ausläuferartig kriechendes, dünnes Rhizom. Aus diesem treiben die grundständigen, ganzrandigen Laubblätter. Der unbeblätterte Blütenstengel trägt an der Spitze eine einseitswendige, 5- bis 13blütige Traube, deren gestielte, überhängende, wohlriechende Einzelblüten in den Achseln eines Tragblättchens entspringen. Die Kronblätter sind zu einem 6zipfligen Perigon verwachsen, an deren Grunde sich die 6 Staubgefäße befinden. Aus dem Fruchtknoten entwickelt sich eine 3fächrige, rote Beere mit 2-6 Samen.

**Blütezeit:** Mai bis Juni.

**Vorkommen und Verbreitung:** Vorwiegend in lichten Laubwäldern, z. T. auch in Nadelwäldern in nahezu ganz Europa mit Ausnahme des höchsten Nordens und einiger südlicher Gebiete anzutreffen. Auch im gemäßigten Asien heimisch und in Nordamerika eingebürgert. Zierpflanze in Gärten.

**Toxische Bestandteile:** Die Pflanze enthält in allen Teilen herzwirksame Glycoside, die strukturell denen des Fingerhuts ähneln. Der Anteil der Einzelkomponenten ist stark von der geographischen Herkunft sowie vom Chemotyp abhängig. Der Gesamtglycosidgehalt beträgt in den unteren Organen konstant etwa 0,2%, in den Blüten dagegen 0,45%. Junge Blätter haben einen nahezu gleichen Gehalt wie die Blüten, jedoch nimmt der Anteil im Laufe der Vegetationsperiode stark ab. In den Früchten weisen lediglich die Samen mit etwa 0,45% einen hohen Glycosidgehalt auf. Weitere Inhaltsstoffe sind Saponine.

**Vergiftungssymptome:** Reizerscheinungen des Magen-Darm-Traktes, die auch mit dem Gehalt an Saponinen im Zusammenhang stehen und sich in Übelkeit und Erbrechen äußern. Da die Resorption vom Darm aus gering ist und die Ausscheidung durch die Niere relativ schnell erfolgt, sind ernsthafte Vergiftungen äußerst selten. Dennoch muß vor Genuß der Früchte oder Aussaugen der Blüten insbesondere durch Kinder, Austrinken von Blumenwasser, in dem Maiglöckchen standen, und auch vor Überdosierungen bei arzneilicher Verwendung der Glycoside gewarnt werden. Über mögliche toxische Wirkung am Herzen siehe Fingerhut S. 80, 82.

**Therapiemaßnahmen:** Erbrechen auslösen, falls dies nicht spontan erfolgt. Gaben von Aktivkohle und schleimhaltigen Zubereitungen zur Abschwächung der Reizwirkungen des Magen-Darm-Traktes. Nach Einnahme größerer Mengen müssen weitere Maßnahmen symptomatisch durch den Arzt erfolgen.

**Geschichtliches:** Die Droge fand erstmalig in den Kräuterbüchern des Mittelalters Erwähnung, nicht dagegen in den Schriften der Antike. In der Folgezeit waren die Blüten häufig Bestandteil von Niespulvern (Saponine!), z. B. im Schneeberger Schnupftabak.

# WILDES ALPENVEILCHEN

**Familie:** Primelgewächse (Primulaceae)

**Name:** Der Gattungsname *kyklos*, griech. = Kreis, Scheibe bezieht sich auf die Form der Knollen, *purpurascens*, lat. = purpurn werdend, nach der Blütenfarbe. Der deutsche Name bringt das Vorkommen in den Alpen zum Ausdruck.

**Beschreibung:** Die ausdauernde, 5-15 cm hohe, immergrüne Pflanze besitzt ein 1,5-5 cm dickes, allseitig bewurzeltes, knollig verdicktes Rhizom. Die Vegetationsspitze, aus der sich die Blätter entwickeln, befindet sich in einer Einsenkung oben auf der Knolle. Die oberseits glänzenden, silbrig gefleckten, nieren- bis herzförmigen Blätter sind unterseits rötlich und weisen dort stark hervortretende Nerven auf. Der Blattrand ist schwach gezähnt, der Blattstiel kahl und rötlich. Einzeln am blattlosen Blütenstengel bildet sich die etwa 1,5-2 cm lange, karminrote, stark duftende Blumenkrone mit rückwärts gerichteten Zipfeln.

**Blütezeit:** Juli bis September.

**Vorkommen und Verbreitung:** Die kalkliebende Pflanze kommt im südlichen Mitteleuropa in Bergwäldern, insbesondere in Buchen- und Tannenwäldern, vor (u. a. in Tschechien, der Slowakei, Bayern, Österreich und in der Schweiz).

**Toxische Bestandteile:** Saponine vom Triterpentyp, insbesondere Cyclamin, mit hoher hämolytischer Aktivität.

**Vergiftungssymptome:** Vergiftungen wurden wiederholt beim Verzehr der Knollen beobachtet, mitunter bei der früher mißbräuchlichen Anwendung als Abführ- oder Abtreibungsmittel. Bereits 0,3 g lösen beim Menschen heftige örtliche Reizwirkungen aus. Größere Mengen, z. B. 8,0 g bei einer Abkochung, bewirken heftige Reizerscheinungen des Magen-Darm-Traktes, Schweißausbrüche und Krämpfe; bei tödlichem Verlauf kommt es zur Atemlähmung.

**Therapiemaßnahmen:** Auslösen von Erbrechen und Gaben von Aktivkohle zur Bindung des Giftes als Erste-Hilfe-Maßnahmen. Bei Aufnahme größerer Mengen sind Magenspülung sowie weitere Behandlungen, die symptomatisch durch den Arzt erfolgen, erforderlich.

**Geschichtliches:** Das knollig verdickte Rhizom (»Erdscheibe«) diente früher unter der Bezeichnung Rhizoma Cyclaminis oder Tuber Cyclaminis als drastisches Abführmittel sowie bei Menstruationsbeschwerden. Wegen der hohen Toxizität kommt es als Arzneidroge nicht mehr zur Anwendung. Lediglich in der Homöopathie findet die im Herbst gesammelte frische Knolle, u. a. bei Gicht, Rheuma, Migräne und Hämorrhoiden Verwendung. Wegen der hohen Toxizität für Fische benutzte man die Knolle im Mittelmeergebiet, u. a. auf Sizilien, mißbräuchlich zum Fischfang. Die gedämpften Knollen finden mitunter noch als Schweinefutter Verwendung, da Schweine für Saponine angeblich unempfindlich sind.

# WEISSE SCHWALBENWURZ

**Familie:** Seidenpflanzengewächse (Asclepiadaceae)

**Name:** Der Gattungsname *Cynanchum* leitet sich vom griechischen *kyon* = Hund und *ancho* = würgen ab, da nach damaliger Ansicht die Pflanze Hunde und Wölfe töten könne. Daher auch die deutsche Bezeichnung Hundswürger. Der Artname *vincetoxicum* stammt von *vincere*, Lat. = besiegen, überwinden und *toxikon*, griech. = Gift; er bedeutet Giftbesieger, da die Pflanze als Gegengift bei Schlangenbissen angesehen wurde.

**Beschreibung:** Die ausdauernde Pflanze bildet aus einem Wurzelstock zahlreiche aufrechte, krautige, etwa 0,30-1,20 m hohe, hohle und flaumig behaarte Stengel. Die Blätter sind gegenständig, etwa 8-12 cm lang, herz-eiförmig, die oberen lineal-lanzettlich und zugespitzt. Die 5zähligen, gelblichweißen, trichterförmigen, radiären, zwittrigen Blüten mit 5 lanzettlichen Kelchblättern stehen knäuelig gehäuft in blattwinkelständigen, gestielten Trugdolden. Die Frucht ist eine hülsenähnliche, vielsamige, 5-7 cm lange Kapsel, die 6-7 cm lange, scharfrandige Samen mit weißem Haarschopf enthält. Sie ähnelt nach der Öffnung einer fliegenden Schwalbe, daher der deutsche Name Schwalbenwurz.

**Blütezeit:** Mai bis August

**Vorkommen und Verbreitung:** In sonnigen Gebüschen, auf warmen Steinschuttfluren und Trockenrasen in Mittel- und Südeuropa, im westlichen Asien und in Nordafrika heimisch.

**Toxische Bestandteile:** Vermutlich stellt das in der Droge enthaltene Steroidglycosidgemisch (Vincetoxin), das Saponineigenschaften besitzt, das giftige Prinzip der Pflanze dar. Da von ihr verschiedene Sippen existieren, sind auch Abweichungen in der Zusammensetzung der Inhaltsstoffe denkbar.

**Vergiftungssymptome:** Ein aus der Wurzel bereiteter Auszug hat in geringer Dosierung eine gewisse Wirkung auf den Herzrhythmus, in höherer Dosierung überwiegen aconitinähnliche Eigenschaften, die wahrscheinlich durch das Vincetoxin ausgelöst werden. Nach Durchfall, Blasen- und Nierenreizung folgen Herzschlagverlangsamungen, die bis zur Atemlähmung führen können.

**Therapiemaßnahmen:** Behandlung der Vergiftung mit Aktivkohle und viel Flüssigkeit sowie Abführmitteln. Nach Einnahme größerer Mengen sollten Magenspülung durch den Arzt und stationäre Beobachtung erfolgen.

**Geschichtliches:** Arzneiliche Verwendung fand die Wurzel, deren Auszüge in der Volksheilkunde als harn- und schweißtreibendes Mittel und auch bei Schlangenbissen (s. Erklärung des Namens) zur Anwendung kamen. Heute werden die frischen Blätter gelegentlich noch in der Homöopathie u.a. als harntreibendes Mittel, bei hohem Blutdruck und zur Resistenzerhöhung bei fieberhaften Infekten benutzt.

# GEMEINER SEIDELBAST, Kellerhals

**Familie:** Spatzenzungengewächse (Thymeleaceae)

**Name:** Seidel ist eine Umbildung des altdeutschen Wortes zidal für Biene, bast, weil die Rinde blasenverursachende Wirkung hat. Kellerhals entstand wahrscheinlich aus Kälberhals; die Ruten wurden um den Hals der Kälber gewunden, um die Läuse zu vertreiben. *Daphne*, griech. = der Lorbeer; wegen der glänzenden Blätter übertrug Linné diesen Namen auf den Seidelbast; *mezereum* ist aus dem Persischen abgeleitet und soll tödlich bedeuten.

**Beschreibung:** Meist nur 50-60 cm hoher Zwergstrauch, der sich wenig verzweigt und nur ausnahmsweise, z.B. in Gärten, Höhen von über 1 m erreicht und selten über 10 Jahre alt wird. An den Achseln der vorjährigen Blätter entspringen die meist zu dreien beisammenstehenden, 4zähligen, stark duftenden rosaroten bis karminroten Blüten. Es gibt auch eine weiße Varietät. Kelchblätter fehlen, der Kelch ist kronblattartig gefärbt und trichterförmig ausgebildet. Die etwa erbsengroßen, länglich-eiförmigen, einsamigen Beerenfrüchte reifen schon ab Juni und werden saftig scharlachrot, die der weißblühenden Varietät weißlichgelb mit fast kugligem, braunem Kern. Die recht dünnen, lanzettlichen Blätter bilden sich erst nach der Blütezeit aus und stehen immer wechselständig oberhalb der vorjährigen fruchttragenden Triebe.

**Blütezeit:** Ende Februar bis April, im Gebirge bis Juni.

**Vorkommen und Verbreitung:** Auf tiefgründigen, feuchten, meist kalkhaltigen Böden bevorzugt in Laubwäldern, in höheren Lagen auch in Strauchgruppen vorkommend. Als Waldpflanze in Europa und Sibirien anzutreffen.

**Toxische Bestandteile:** In allen Teilen sind sogenannte Daphnanderivate enthalten, u.a. Mezerein und Daphnetoxin. Strukturell handelt es sich um Diterpenester.

**Vergiftungs-symptome:** Vergiftungen treten besonders bei Kindern auf, wenn diese die Früchte essen oder an den Zweigen kauen. Bereits 10-12 Beeren können u.U. tödlich sein. Auch gärtnerischer Umgang mit der Pflanze kann zu Schwellungen, Rötungen, Blasen- und Pustelbildung auf der Haut führen. Bei innerlicher Anwendung treten Rötung und Schwellung der Mundschleimhaut, Durstgefühl, Magenschmerzen, Erbrechen und Durchfälle, später Kopfschmerzen, Schwindel, Pulsbeschleunigung und Krämpfe auf. Es kommt zur Schädigung der Nieren und evtl. Tod im Kollaps.

**Therapie-maßnahmen:** Entleerung des Magen-Darm-Traktes, falls dies nicht ohnehin erfolgt ist. Gaben von Aktivkohle mit viel Flüssigkeit, danach Verabreichung von schleimhaltigen Zubereitungen, äußerlich kühle Umschläge, gegebenenfalls anästhesierende Salben. Weitere Maßnahmen symptomatisch durch den Arzt.

**Geschichtliches:** Der Seidelbast fand schon im Altertum Anwendung. Seine ehemalige Bedeutung als Heilpflanze ist auf die scharfschmeckenden und hautreizenden Inhaltsstoffe zurückzuführen. So fand besonders die Rinde (Cortex Mezerei) Anwendung u.a. zur Schmerzableitung bei Gicht, Rheuma sowie bei Hautleiden.

# WEISSER STECHAPFEL

**Familie:** Nachtschattengewächse (Solanaceae)

**Name:** Die Pflanze erhielt den deutschen Namen wegen ihrer stachligen Frucht. Der Gattungsname *Datura* ist vermutlich arabischen Ursprungs; *stramonium* soll sich aus dem griechischen *strychnon* (unser *Solanum*) und *manikon* = Wahnsinn zusammensetzen.

**Beschreibung:** Einjährige, bis 120 cm hohe Pflanze mit kahlem, aufrechtem, unten einfachem, rundem, oben gablig verzweigtem, kantigem, hohlem Stengel und gestielten, ungleich buchtig gezähnten Blättern. Die Blüten sind kurzgestielt und stehen aufrecht in den Gabeln der Äste sowie an deren Spitze. Die trichterförmige, weiße oder violette Blumenkrone besitzt einen 5zipfligen Saum und eine bis 10 cm lange Kronröhre. Die Frucht ist eine eiförmige, bis 5 cm lange, stachlige Kapsel, die bei der Reife 4klappig aufspringt. Sie enthält zahlreiche bis 3,5 mm lange, platte, nierenförmige, schwarze Samen.

**Blütezeit:** Juni bis Oktober.

**Vorkommen und Verbreitung:** Aus Mittelamerika stammend, ist die Art heute u.a. in Europa als Ruderalpflanze auf Schutt und Unkrautfluren nicht selten, jedoch unbeständig anzutreffen.

**Toxische Bestandteile:** Die Pflanze enthält in allen Teilen ein Gemisch von Tropanalkaloiden, deren Gehalt zwischen 0,2-0,6% schwankt. Die Verbindungen stimmen strukturell mit denen der Tollkirsche weitgehend überein.

**Vergiftungssymptome:** Die Krautdroge (früher auch die Samen) wird arzneilich verwendet oder dient als Rohstoffdroge zur Gewinnung der Alkaloide, die Arzneistoffe darstellen. Vergiftungen sind daher bei Überdosierungen bzw. unkontrollierter oder mißbräuchlicher Anwendung möglich. Die Vergiftungssymptome ähneln denen, die bei Tollkirschenzubereitungen auftreten. Da im Vergleich zur Tollkirsche der Anteil an bestimmten Alkaloiden, z.B. Scopolamin, im Stechapfel höher, dagegen an Atropin niedriger ist, können Pulsbeschleunigungen und Rötung des Gesichts fehlen. Auch sind die zentralerregenden Wirkungen, die durch Atropin ausgelöst werden, zugunsten der zentrallähmenden Wirkung des Scopolamins zurückgedrängt. Man kann auch Halluzinationen, insbesondere visuelle, unter den Vergiftungssymptomen erwarten.

Obwohl Vergiftungen mit dem Stechapfel relativ selten sind, führten Verwechslungen, z.B. von Schwarzkümmel- und Stechapfelsamen oder Teedrogen mit Stechapfelblättern, zu akuten Fällen. Für Kinder können bereits 15-20 Stechapfelsamen tödlich sein.

**Therapiemaßnahmen:** Die Behandlung erfolgt in analoger Weise wie bei Tollkirschenvergiftungen.

**Geschichtliches:** Der Stechapfel wurde im 16. Jahrhundert aus Amerika nach Spanien eingeführt und ist seit etwa 1762 als Arzneimittel gebräuchlich. Besonders die Samen dienten früher nicht selten auch für Mord- und Selbstmordversuche. Kriminelle benutzten Aufgüsse der Samen zur Betäubung ihrer Opfer, die danach besser auszurauben waren.

# HOHER RITTERSPORN

**Familie:** Hahnenfußgewächse (Ranunculaceae)

**Name:** Da die blauen Blütenknospenblätter in einem Sporn zusammenlaufen, wird der Vergleich mit den Sporen der Ritterrüstung verständlich; *elatum*, lat. = hoch.

**Beschreibung:** Ausdauernde Staude mit walzlich-knotigem Wurzelstock. Die stets aufrechten, meist einfachen Stengel werden 1,5 m, bei Gartensorten bis 2 m hoch. An üppigen Standorten gibt es auch kleinere, meist kahle, bei Gebirgsformen weichhaarige Seitenzweige. Alle Laubblätter sind stengelständig und langgestielt, wobei das einzelne Blatt immer 3- bis 7spaltig ist, mit eingesägten Abschnitten. Die Blüten bilden lockere, endständige Trauben mit bei den Wildformen stahlblauen bis violetten, bei den Gartenformen sehr verschiedenen Farbtönen, z.B. reinweißen und reinrosafarbenen, aber es gibt auch eine Sorte mit amethystrosafarbenen, hellblau gesäumten Blüten. Meist herrschen verschiedene Blautöne vor, bei einigen Sorten sind die Blüten auch dunkellila, schwarzbraun oder weiß geäugt, auch halbgefüllt und gefüllt. Diese Sortenfülle ist durch Einkreuzung asiatischer Arten entstanden.

**Blütezeit:** Juni bis Juli; wenn zurückgeschnitten, auch später.

**Vorkommen und Verbreitung:** Auf humusreichen Wiesen in den Pyrenäen und Alpen, auf Kalk und Urgestein; aber auch in den Tälern der Sudeten und Karpaten vorkommend.

**Toxische Bestandteile:** Im Kraut sind etwa 1%, in der Wurzel 2-2,5% Alkaloide enthalten. Hauptalkaloid ist das Elatin, ein Diterpenalkaloid wie das Aconitin.

**Vergiftungssymptome:** Das Hauptalkaloid Elatin und einige Nebenalkaloide wirken curareähnlich, d.h. muskelerschlaffend. Einige Begleitalkaloide haben eine qualitativ ähnliche Wirkung wie Aconitin. Dennoch scheint die Toxizität geringer als bei *Aconitum napellus* zu sein. Vergiftungsfälle durch *Delphinium*-Arten wurden im mitteleuropäischen Raum nicht bekannt, obwohl Kinder durch den Kontakt mit dem Gartenrittersporn gefährdet sind. Vergiftungen traten bei Tieren in den westlichen Gebirgsgegenden der USA auf. So wurden beim Verzehr größerer Mengen durch Rinder Bewegungsstörungen, Krämpfe, Kollaps und u.U. Tod durch Atemlähmung beobachtet. Primär sollte die Entfernung des Giftes durch Auslösen von Erbrechen und nachfolgende Gaben von Aktivkohle erfolgen.

**Therapiemaßnahmen:** Es sind die gleichen Behandlungsschritte wie bei Aconitinvergiftungen einzuleiten.

**Geschichtliches:** Schon Dioscurides nennt eine der einjährigen Ritterspornarten *delphinion*, da die Blütenknospen der Gestalt eines Delphins ähneln.

# DIEFFENBACHIE

| | |
|---|---|
| **Familie:** | Aronstabgewächse (Araceae) |
| **Name:** | Benannt nach dem deutschen Geologen J. F. Dieffenbach. |
| **Beschreibung:** | Ausdauernde, am natürlichen Standort bis 2 m hohe Pflanze mit geradem Stamm, an dem die dickrandigen, etwa 25 cm langen Blätter an scheidigen Stielen sitzen. Die meisten Arten haben Blätter mit weißlichen, z. B. D. *picta* (Lodd) Schott, oder gelben Flecken. |
| **Vorkommen und Verbreitung:** | Heimisch im tropischen Amerika, in Europa wegen der auffallend gezeichneten Blätter und guten Anpassungsfähigkeit an zentralbeheizte Räume eine häufige Zimmerpflanze. |
| **Toxische Bestandteile:** | Die chemische Natur des giftigen Prinzips ist noch nicht endgültig geklärt. Obwohl auch u. a. Saponine sowie unbekannte Glycoside, Alkaloide und proteinähnliche Substanzen vermutet werden, gelten die in der Pflanze in besonderer Form und Lokalisation vorliegenden Calciumoxalatnadeln (Raphiden) als hauptverantwortlich für den Wirkungsmechanismus. Bei Verletzung der Pflanzenzellen öffnen sich wahrscheinlich die Kappen der in ampullenförmigen »Schießzellen« gelagerten Raphiden, wobei die bis etwa 250 $\mu$m langen Nadeln aus der Zelle mitsamt dem übrigen Zellinhalt »herausgeschossen« werden. Wenn diese auf die Schleimhäute in Mund und Rachen oder ins Auge gelangen, kommt es durch Verletzung der im Bindegewebe befindlichen Mastzellen zur Histaminausschüttung. Dabei ermöglicht die rinnenförmige Ausbildung der Raphidennadelenden zugleich das Eindringen des anhaftenden Zellinhalts in das Gewebe, ein Mechanismus, wie er auch beim Biß durch eine Giftschlange mit rinnenartigen Giftzähnen beobachtet wird. |
| **Vergiftungssymptome:** | Wenn der Saft die Schleimhäute berührt oder die Pflanze gekaut wird, kommt es zum Anschwellen und zur Rötung der Schleimhäute, zu brennenden Schmerzen, verbunden mit reichlich Speichelbildung, und u. U. zu tagelangem erschwertem Sprechen. Spritzt Saft, z. B. beim Verletzen der Pflanze, ins Auge, stellen sich Lidkrämpfe, Tränenfluß und heftige Entzündung der Bindehaut ein. |
| **Therapiemaßnahmen:** | In der Regel führen derartige Vergiftungen zu keinen ernsthaften Folgen, weil die lokale Reizwirkung sehr schnell einsetzt und dadurch der Kontakt mit größeren Mengen ausbleibt. Auch heilen im allgemeinen Augenverletzungen nach 3-4 Wochen ohne bleibende Veränderungen ab. Dennoch sollte die Konsultation des Arztes erfolgen. Unbedingt erforderlich ist das, wenn größere Mengen eingenommen wurden, die eine massive Schädigung der Magenschleimhaut auslösen können. Als Erste-Hilfe-Maßnahme ist reichlich Flüssigkeit zu geben. |
| **Geschichtliches:** | Die Giftigkeit der Pflanze war schon im 17. Jahrhundert bekannt. In der Sklavenhalterzeit diente sie in Süd- und Mittelamerika als Foltermittel, z. T. auch dazu, unliebsame Zeugen vorübergehend zum Schweigen zu bringen. Deshalb die Namen »Schweigrohr« und »Giftaron«. |

# GROSSBLÜTIGER FINGERHUT · GELBER FINGERHUT

**Familie:** Braunwurzgewächse (Scrophulariaceae)

**Name:** *grandiflora*, lat. = großbrütig, *luteus*, lat. = gelb. Die ältere Bezeichnung für *D. grandiflora* war *D. ambigua* Murr., *ambiguus*, lat. = zweifelhaft, unsicher.

**Beschreibung:** Der Großblütige Fingerhut ist eine ausdauernde Staude, während der Gelbe Fingerhut meist, ähnlich wie der Rote Fingerhut nur 2 Jahre alt wird. Die beiden Arten bilden im ersten Jahr eine Rosette, und erst im zweiten entwickeln sich die Blütenschäfte. Der Großblütige Fingerhut erreicht 1 m Höhe, seine Stengel sind weichhaarig, die Blüten über 3 cm groß, blaß ockergelb, innen braun geadert oder gefleckt. Die Blätter können kurzhaarig oder fast kahl sein. Der Gelbe Fingerhut wird meist nur etwa 70 cm hoch, seine Blütenstiele und Blätter sind innen kahl, die Blüten etwa 2 cm lang und hellzitronengelb. Beide Arten weisen drüsig-flaumig behaarte Fruchtkapseln auf. Von allen 3 heimischen Fingerhutarten kommen mitunter Bastarde vor, da ihre Areale sich überschneiden.

**Blütezeit:** Juni bis Juli (*D. grandiflora*), Juli bis August (*D. lutea*).

**Vorkommen und Verbreitung:** Der Großblütige Fingerhut ist vor allem in den europäischen Mittelgebirgen verbreitet, er stellt eine typische kontinentale Art dar, die in den Alpen bis in Höhen von 2000 m vorkommt. Man trifft ihn auf verschiedenen Bodenarten an, während der Gelbe Fingerhut fast nur auf Kalkboden wächst, in den Alpen bis 1000 m.

**Toxische Bestandteile:** Glycosidische Verbindungen, sogenannte Cardenolide, u. a. Lanotoside A, B und C, die, stark dosisabhängig, eine heilende oder toxische Wirkung auf den Herzmuskel ausüben und strukturell mit denen von *D. lanata* identisch sind. Außerdem Saponine.

**Vergiftungssymptome:** Übelkeit und Erbrechen, später Magen-Darm-Koliken, Sehstörungen, Lähmungen und Krämpfe. Daneben fortschreitende Herzrhythmusstörungen, die u. U. bis zum völligen Herzstillstand führen können.

**Therapiemaßnahmen:** Primäre Giftentfernung ist als Erste-Hilfe-Maßnahme durch Erbrechen möglich sowie die Verabreichung von Aktivkohle, um noch nicht resorbierte Glykoside zu binden. Die weitere Behandlung muß symptomatisch durch den Arzt erfolgen.

**Geschichtliches:** Die beiden Arten wurden im Altertum nicht erwähnt; ebenso fehlen sie in den ältesten Kräuterbüchern. Erst Ende des 18. Jahrhunderts wurden der Großblütige Fingerhut von Ph. Müller und der Gelbe Fingerhut von Carl v. Linné (1753) beschrieben.

# ROTER FINGERHUT · WOLLIGER FINGERHUT

**Familie:** Braunwurzgewächse (Scrophulariaceae)

**Name:** Die Blüten ähneln Fingerhüten. *Digitalis* bedeutet fingerdick; *purpureus*, lat. = purpurrot; *lanatus*, lat. = wollig.

**Beschreibung:** Der Rote Fingerhut entwickelt im ersten Jahr eine Blattrosette mit grundständigen Blättern, und erst im zweiten Jahr bildet sich ein bis 1,50 m hoher Stengel. Charakteristisch sind die filzige, samtartige Behaarung der Unterseite der Blätter- sowie ihr vielmaschiges Adernetz. Die weißen bis roten Blüten hängen in einer einseitswendigen Traube. Die Früchte sind eiförmige, viele kleine, braune Samen enthaltende Kapseln.

Auch beim Wolligen Fingerhut wird im ersten Jahr nur eine Rosette grundständiger Blätter gebildet. Erst im zweiten Jahr entwickelt sich der bis 1,20 m hohe Stengel, der besonders oberwärts drüsig-flaumig behaart ist. Die am Stengel sitzenden Laubblätter sind kahl. Die Blüten mit röhrig-glockiger Blumenkrone stehen in einer lockeren, allseitswendigen Traube. Die 2fächrigen Fruchtkapseln entlassen hellrotbraune, grubig punktierte Samen.

**Blütezeit:** Juni bis August (*D. purpurea*) bzw. Juli bis August (*D. lanata*).

**Vorkommen und Verbreitung:** Der Rote Fingerhut ist eine typische atlantische Pflanze, deren östliche Verbreitungsgrenze den Harz und Thüringer Wald erreicht.

Der Wollige Fingerhut ist in Südosteuropa und Südwestasien heimisch; im nordöstlichen Nordamerika eingebürgert.

**Toxische Bestandteile:** Glycosidische Stoffe, u. a. Digitoxin (*D. purpurea*) und Lanatosid C (*D. lanata*), die in entsprechender Dosierung wertvolle Arzneimittel bei bestimmten Herzerkrankungen mit allerdings geringer therapeutischer Breite darstellen. So liegt bei den Digitalispräparaten die toxische Dosis nur um 50-60% höher als die therapeutische. 2-3 g der getrockneten Blätter gelten als letale Dosis für einen Menschen.

**Vergiftungssymptome:** Zunächst treten Übelkeit und Erbrechen sowie Farbsehstörungen auf, die u. U. tagelang anhalten können, später Herzrhythmusstörungen als Folge des Verlustes an zellulären Kaliumionen. Außerhalb des Herzens sind u. a. das Zentralnervensystem und das Atmungssystem betroffen. Bei tödlichem Verlauf kommt es zum systolischem Herzstillstand.

Vergiftungen sind meist medizinal bedingt, d. h. durch Überdosierung bzw. falsche Einnahme. Schwere Vergiftungsfälle kommen jedoch selten vor, da meist spontanes Erbrechen erfolgt, bevor größere Glycosidmengen resorbiert werden.

**Therapiemaßnahmen:** Erbrechen auslösen, falls dies nicht ohnehin eingetreten ist. Verabreichung von Aktivkohle, der weitere symptomatische Maßnahmen durch den Arzt folgen müssen.

**Geschichtliches:** Von den griechischen und römischen Schriftstellern wird der Fingerhut noch nicht erwähnt. Die Einführung des Roten Fingerhuts als Arzneidroge erfolgte 1785 durch den schottischen Arzt W. Withering.

# GEMEINER WURMFARN

**Familie:** Schildfarngewächse (Aspidiaceae)

**Name:** Der Gattungsname leitet sich von *dry, dryos*, griech. = Eiche und *pteris* = Farn ab, d.h. ein Farn, der auf alten Eichen wächst.

**Beschreibung:** Die ausdauernde Pflanze wird bis zu 120 cm hoch. Der Stiel ist kürzer als die Wedelfläche. Die Pflanze bildet ein ein- oder wenigköpfiges Rhizom aus, an dessen Oberseite man die abgestorbenen Blattbasen erkennen kann. Die Fiederblätter erster Ordnung sind nochmals fiederteilig mit abgerundeten, gezähnten Abschnitten. Die oberseits dunkelgrünen, unterseits helleren Blätter weisen auf der Unterseite die kleinen, kreisrunden Sporenhäufchen (Sori) auf, die von einem zierlichen, nierenförmigen Schleier bedeckt sind. Eine Unterscheidungsmöglichkeit gegenüber ähnlich aussehenden Farnen bietet der Querschnitt des Blattstiels. Er enthält beim Wurmfarn 7, beim Dornfarn 5 und beim Frauenfarn nur 2 Gefäßbündel.

**Sporenreife:** Juli bis September.

**Vorkommen und Verbreitung:** Nahezu kosmopolitisch; in Wäldern und Hochstaudenfluren besonders an schattigen Stellen.

**Toxische Bestandteile:** Das früher als Mittel gegen Bandwürmer verwendete Rhizom bzw. der aus ihm hergestellte Extrakt enthält Phloroglucinderivate. Das Gesamtgemisch wird als Rohfilicin bezeichnet. Es handelt sich meist um sehr instabile Verbindungen. Die Phloroglucinderivate sind für die wurmtreibende Wirkung verantwortlich. Sie stellen aber auch eine Vergiftungsgefahr dar, da die therapeutische Breite sehr gering ist. Deshalb und wegen der Instabilität der Wirkstoffe, die eine gezielte Therapie ohnehin erschweren, wird die Droge heute nicht mehr therapeutisch verwendet. Vergiftungen erfolgten fast ausschließlich bei unsachgemäßer Verwendung des Wurmfarnextraktes während einer Bandwurmkur.

**Vergiftungssymptome:** Heftige Reizungen des Magen-Darm-Traktes, denen Schwindel, Benommenheit und Krämpfe folgen, die in Lähmungen übergehen können. Als schwere Nebenwirkungen sind Schädigung des Sehnervs bis zur Erblindung sowie eine Störung der Leber- und Nierenfunktion möglich. In besonders schweren Fällen kann der Tod durch Atemlähmung eintreten.

**Therapiemaßnahmen:** Als Erste-Hilfe-Maßnahme gilt es, Magen und Darm durch Magenspülung mit einer Aufschwemmung von Aktivkohle und Natriumsulfatlösung als Abführmittel zu entleeren. Die Behandlung einschließlich weiterer symptomatischer Maßnahmen muß unter ärztlicher Kontrolle erfolgen.

**Geschichtliches:** Die Droge wurde bereits im Altertum von Theophrast erwähnt. Sie geriet jedoch später in Vergessenheit und erlangte erst vom 18. Jahrhundert bis in die Mitte unseres Jahrhunderts Ansehen als spezifisches Bandwurmmittel.

# SUMPFSCHACHTELHALM

**Familie:** Schachtelhalmgewächse (Equisetaceae)

**Name:** Der Gattungsname leitet sich von *equus*, lat. = Pferd und *seta* = Borste ab, d.h. sinngemäß Pferdeschwanz. Schachtelhalm soll auf die schachtelartig zusammengesetzten Glieder des vegetativen Sprosses hinweisen.

**Beschreibung:** Die ausdauernde, krautige, 20-60 cm hohe Pflanze wird auch als Duwok bezeichnet und besitzt eine tief im Boden liegende, kriechende Grundachse. Im Gegensatz zum Ackerschachtelhalm weisen sterile sporentragende Sprosse eine gleiche Gestalt auf und erscheinen auch zu gleicher Zeit. Sie sind hohl, deutlich gerippt und meist quirlig verzweigt. Die Blätter verwachsen zu einer kurzen, stengelumfassenden Scheide, wobei die einzelnen locker anliegenden Stengelscheiden 6-10 weiß umrandete Zähne aufweisen. Das unterste Astglied ist stets auffallend kürzer als die Stengelscheide.

**Sporenreife:** Juni bis September.

**Vorkommen und Verbreitung:** Auf nassen Wiesen und anderen sumpfigen Standorten z. T. in größerer Vergesellschaftung in Europa, Asien und Nordamerika vorkommend.

**Toxische Bestandteile:** Als Giftstoff wird das Piperideinalkaloid Palustrin angesehen, das bis etwa 0,3% im Kraut enthalten ist. Dabei unterliegt die Menge im Laufe der Vegetationsperiode starken Schwankungen, die keine Beziehung zum Standort oder zu klimatischen Verhältnissen erkennen lassen. Als weiteres toxisches Prinzip der Pflanze gilt das Vitamin $B_1$ zerstörende Enzym Thiaminase.

**Vergiftungssymptome:** Vergiftungen sind beim Menschen nicht bekannt. Nicht selten kommen diese dagegen bei Tieren, besonders bei Pferden, als sogenannte Taumelkrankheit vor. Sie äußern sich in Erregbarkeit, Zuckungen besonders in den Gesichtsmuskeln, taumelndem Gang bis zum Hinstürzen und gegebenenfalls im Verenden durch Erschöpfung. Vermutlich ist die Erkrankung auf die Zerstörung des Vitamins $B_1$ zurückzuführen. Auch Rinder, die auf Feuchtwiesen größere Mengen Duwok fressen, erleiden Vergiftungserscheinungen. Sie äußern sich im Rückgang der Milchleistung, Gewichtsverlust, in Durchfallerkrankungen und bei akuten Fällen in Lähmung. Hierfür werden Alkaloide, vor allem Palustrin, verantwortlich gemacht, da Wiederkäuer ihr Vitamin $B_1$ selbst aufbauen.

**Therapiemaßnahmen:** Bei Vergiftungen des Menschen wären das Auslösen von Erbrechen, Gaben von Aktivkohle sowie nachfolgend von reichlich Flüssigkeit, Tee oder Fruchtsaft, als Erste-Hilfe-Maßnahmen vorzunehmen. Nach vermutlich größerer Giftaufnahme müßte die Behandlung symptomatisch durch den Arzt erfolgen. Bei Tieren ist bei rechtzeitigem Erkennen Heilung durch Futterwechsel möglich. Für Pferde empfiehlt sich die zusätzliche Verabreichung von Bäckerhefe als Vitamin $B_1$-Träger.

**Geschichtliches:** Schachtelhalmkraut diente früher zum Reinigen von Zinngeschirr (Zinnkraut). Als Arzneidroge verwendet man nur den Ackerschachtelhalm (*Equisetum arvense* L.).

# BLEICHER SCHOTENDOTTER, Gänsesterbe

**Familie:** Kreuzblütengewächse (Brassicaceae)

**Name:** Der Gattungsname *Erysimum* ist der griechische Pflanzenname für Schöterich, wie die Pflanze auch bezeichnet wird. Der Artname stammt von *Krepis* (griech.) ab, d.h., die Pflanze besitzt grundständige Blätter wie *Crepis*, der Pippau, ein Korbblütengewächs.

**Beschreibung:** Die zwei-, mitunter auch mehrjährige Pflanze erreicht eine Höhe von etwa 0,15-0,60 m. Die ungeteilten Laubblätter sind buchtig ausgerandet, an der Spitze meist zurückgebogen und nicht stengelumfassend. Die 4 Kronblätter der hellschwefelgelben, geruchlosen, bis 8 mm breiten Blüten werden jeweils etwa 10-16 mm lang und 2-4 mm breit. Die Blütenstiele sind kürzer als der Kelch. Es bilden sich gleichfarbig graugrüne, stumpfkantige Schotenfrüchte.

**Blütezeit:** April bis Juli.

**Vorkommen und Verbreitung:** An Abhängen, auf Wegen, besonders auf Kalk- und Silikatfelsfluren und -trockenrasen zerstreut in Mittel- und Südeuropa vorkommend.

**Toxische Bestandteile:** Die Pflanze enthält herzwirksame Glycoside vom Cardenolidtyp, u.a. Erysimin. Uneinheitliche Angaben existieren über den Gehalt des Bitterstoffes Erysimipicion. Dieser soll im Kraut in Mengen von etwa 2% und in der Wurzel von 0,6% vorliegen. Er soll maßgebend an der Giftwirkung beteiligt sein. Dagegen ist das früher als Wirkstoff vermutete Crepidin in der Pflanze nicht enthalten.

**Vergiftungssymptome:** Vergiftungen durch die Pflanze sind beim Menschen bisher nicht bekanntgeworden. Dennoch muß vor ihrer Verwendung, z.B. als Gemüse, wegen der herzwirksamen Glycoside gewarnt werden. Sie wird allerdings bevorzugt von Gänsen gefressen und hat unter diesen schon verschiedentlich zum Massensterben geführt, da bereits wenige Blätter für eine Vergiftung ausreichen. Auch einige andere Tierarten, z.B. Mäuse, Meerschweinchen und Kaninchen, reagieren sehr empfindlich auf die Pflanze, obwohl dies nicht bei allen, z.B. Hühnern der Fall ist. Letztere können sie unbeschadet fressen. Die Vergiftung bei Gänsen äußert sich schon wenige, höchstens 30 Minuten nach der Einnahme in Erregungszuständen, Krämpfen und anschließenden Lähmungen. Der Tod erfolgt durch Herzversagen.

**Therapiemaßnahmen:** Bei empfindlichen Tieren ist eine Behandlung meist nicht mehr möglich. Soweit diese noch erfolgen kann, sind Aktivkohle oder Tannin zu geben. Auch bei einer Vergiftung des Menschen wären Gaben von Aktivkohle angezeigt. Die weitere Behandlung müßte hier symptomatisch durch den Arzt erfolgen.

# EUROPÄISCHES PFAFFENHÜTCHEN, Spindelstrauch

**Familie:** Spindelbaumgewächse (Celastraceae)

**Name:** Der Gattungsname (*eu*, griech. = gut, *onoma* = Name) soll in ironischer Weise auf die Giftigkeit und den üblen Geruch hinweisen; *europaea* = in Europa heimisch. Der deutsche Name weist auf die Ähnlichkeit mit den 4eckigen Hütchen der katholischen Geistlichen (Pfaffen) hin.

**Beschreibung:** Bis 3 m hoher Strauch oder Baum mit abgerundeten 4kantigen Zweigen und eiförmig-elliptischen bis länglichen, fein gekerbten, bis etwa 8 cm langen Blättern. Die 4zähligen, grünlichgelben Blüten sind unscheinbar und in Trugdolden angeordnet. Die 4teiligen, rosafarbenen bis roten Kapseln springen ab August auf und entlassen die in den Fächern befindlichen, von einem orangeroten Samenmantel umgebenen Samen, die an Fäden heraushängen.

**Blütezeit:** Mai bis Juni.

**Vorkommen und Verbreitung:** In Wäldern und Gebüschen besonders in West-, Mittel- und Südeuropa bis Südostasien vorkommend.

**Toxische Bestandteile:** Die Pflanze, insbesondere der Samen, enthält herzwirksame Steroidglycoside, u. a. Evonosid. Außerdem liegen in den Samen etwa 0,1% Alkaloide, u. a. Evonin, vor.

**Vergiftungssymptome:** Die auffällig geformten, roten Kapselfrüchte verlocken besonders Kinder zum Verzehr und sind Ursache von Vergiftungsfällen. Nach mehrstündiger Latenzzeit, oft erst nach 12-18 Stunden treten Reizerscheinungen des Magen-Darm-Traktes mit Übelkeit, Koliken, Kreislaufstörungen und evtl. auch Krämpfen auf. Sie verlaufen in der Regel relativ harmlos, jedoch gelten etwa 36 Früchte bereits als tödliche Dosis für einen Menschen. Auch sind Leber- und Nierenschädigungen nach Abklingen der Vergiftung nicht auszuschließen. Bei tödlichem Verlauf erfolgt der Tod durch Bewußtlosigkeit nach vorangegangenen schweren Krämpfen. Beim Bearbeiten (Drechseln) des Holzes soll es auch durch den entstehenden Staub zu Vergiftungen gekommen sein, die sich in Übelkeit und Erbrechen äußerten.

**Therapiemaßnahmen:** Als Erste-Hilfe-Maßnahmen sind Erbrechen auszulösen sowie Aktivkohle zu geben, um die Giftstoffe zu entfernen bzw. zu inaktivieren. Weitere Maßnahmen, einschließlich Magenspülung, müssen symptomatisch durch den Arzt bzw. in der Klinik erfolgen.

**Geschichtliches:** Gepulverte Pfaffenhütchensamen dienten früher gegen Krätzemilben und Läuse. Für diese Wirkung sind vermutlich die in ihnen enthaltenen Alkaloide verantwortlich. Auch das fette Öl der Samen kam einst als Mittel gegen Ungeziefer zum Einsatz. Eine Abkochung der Früchte benutzte man sogar als Diuretikum.

# ZYPRESSENWOLFSMILCH

**Familie:** Wolfsmilchgewächse (Euphorbiaceae)

**Name:** Der Gattungsname *Euphorbia* wurde nach Euphorbos benannt, einem Leibarzt des Königs Juba von Mauretanien; *cyparissias* = zypressenartig, von *kyparissos*, griech. = Zypresse.

**Beschreibung:** Die ausdauernde Pflanze mit kriechendem Wurzelstock treibt zahlreiche einjährige, etwa 40-50 cm hohe Sprosse mit vielen Seitenzweigen in der oberen Hälfte. Die linearen, ganzrandigen Blätter sind wechselständig angeordnet. Die einzelnen Sprosse bleiben entweder steril oder bilden gelbe, in vielstrahligen Trugdolden angeordnete Blüten aus, oft einen 15strahligen Gesamtblütenstand bildend. Die Einzelblüten sind stark reduziert und zu Cyathien (Pseudanthien) vereinigt, die aus einer langgestielten, gipfelständigen, nach unten überhängenden Fruchtblüte und zahlreichen diese umgehenden Blüten bestehen. Diese Blüten besitzen nur ein einzelnes Staubblatt und werden von spreublattartigen Schuppen umgeben. Das Cyathium umschließen 5 bauchige Blätter und ein hochblattähnliches, gelblichgrünes Hüllblatt, das zur Zeit der Fruchtreife hochrot anläuft. Aus dem 3fächrigen Fruchtknoten entwickelt sich eine 3fächrige, fast kugelige Kapsel.

**Blütezeit:** April bis Mai.

**Vorkommen und Verbreitung:** An Wegrändern, trockenen Ruderalstellen, in Trockengebüschen häufig in ganz Mittel- und Nordeuropa.

**Toxische Bestandteile:** Die Pflanze besitzt einen weißlichen Milchsaft, der toxische Diterpenester enthält. Das Vorkommen dieser Stoffe ist jedoch nicht auf den Milchsaft beschränkt. So wurden sie z.B. auch im Samenöl beobachtet. Die Wirkungsintensität unterliegt offenbar gewissen jahreszeitlichen Schwankungen. Der Milchsaft der Pflanze soll im Hochsommer stärker wirksam sein als im Frühling.

**Vergiftungssymptome:** Die Diterpenester der Pflanze besitzen stark hautreizende Eigenschaften. Äußerlicher Kontakt mit der Haut und den Schleimhäuten bewirkt heftige Entzündungen, die häufig mit Blasenbildungen und Nekrosen verbunden sind. Besonders die Augen reagieren bei Kontakt mit dem Milchsaft mit starker Bindehautentzündung (Konjunktivitis), in schweren Fällen ist Erblindung nicht auszuschließen. Bei innerlicher Anwendung kommt es zu Rötung und starkem Brennen im Mund und Rachen sowie Beschwerden im Magen-Darm-Trakt, verbunden mit Schwindel, Krämpfen und unter Umständen Kollaps.

**Therapiemaßnahmen:** Nach innerlicher Aufnahme sollten Auslösen von Erbrechen und Gaben von Aktivkohle zur Bindung des Giftes als Erste-Hilfe-Maßnahmen erfolgen. Die weitere Behandlung, u.a. Magenspülung, muß symptomatisch unter ärztlicher Kontrolle durchgeführt werden. Bei äußerlichem Kontakt ist der Milchsaft abzuwaschen und die betroffene Stelle danach mit reizmildernden Zubereitungen symptomatisch zu behandeln.

# KREUZBLÄTTRIGE WOLFSMILCH, Springwolfsmilch

**Familie:** Wolfsmilchgewächse (Euphorbiaceae)

**Name:** Der Artname *lathyris* wurde nach Dioskurides von *thuris*, griech. = ungestüm, heftig gewählt, die verstärkende Vorsilbe weist auf die stark abführende Wirkung hin. *Euphorbia* s. *E. cyparissias*.

**Beschreibung:** Die zweijährige, bis etwa 1 m hohe Pflanze besitzt einen fingerdicken, kriechenden Wurzelstock, der mitunter verästelt ist und bläulich bereifte Sprosse treibt. Im ersten Jahr entwickelt sich nur ein Trieb mit sitzenden, länglich-linealischen, dunkelgrünen, kreuzgegenständig angeordneten Blättern mit weißer Mittelrippe. Die Blüten erscheinen an zweijährigen Pflanzen in 2- bis 4strahligen Scheindolden und werden von breit-eiförmigen Hüllblättern umgeben. Der Kelch des Cyathiums (s. *E. cyparissias*!) ist glockig mit spitzen Zähnen, die gelbroten Drüsen sind sichelartig. Die Blüten bestehen aus zahlreichen Staubblättern. Die Frucht ist eine glatte, 3fächrige, aufspringende Kapsel mit dunkelbraunen Samen.

**Blütezeit:** Juni bis August.

**Vorkommen und Verbreitung:** An frischen Ruderalstellen in Gärten in Europa und Westasien anzutreffen.

**Toxische Bestandteile:** Die Pflanze enthält toxische, stark hautreizende Diterpenester ähnlich *E. cyparissias*, die vor allem im Milchsaft der ungegliederten Milchsaftröhren, aber auch im Samenöl und in geringer Konzentration in anderen Pflanzenteilen vorliegen. Milchsaftextrakte zweijähriger Pflanzen sollen 5fach wirksamer sein als solche einjähriger Exemplare.

**Vergiftungssymptome:** Die hautreizende Wirkung der Diterpenester ist zweifellos von der Konzentration und Dauer der Einwirkung abhängig. Im allgemeinen treten bei Hautkontakt Rötung und Schwellung nach etwa 2-8 Stunden auf, die Intensität erreicht nach etwa 12 Stunden ihren Höhepunkt. Innerhalb von 3-4 Tagen klingen die entzündlichen Reaktionen wieder ab.

Bei innerlicher Aufnahme des Stoffes kommt es zu schmerzhaften Entzündungen im Mund- und Rachenraum, heftiger Gastroenteritis mit Erbrechen und Durchfällen. Es können auch Pupillenerweiterung, Schwindel, Krämpfe und Kreislaufkollaps auftreten. Besonders gefährdet durch den Milchsaft sind die Augen. Hier kann es zu starken Verätzungen, verbunden mit Lidschwellung, Bindehautentzündung (Konjunktivitis) und Hornhautdefekten, kommen.

**Therapiemaßnahmen:** Bei äußerlicher Einwirkung müssen die betroffenen Hautstellen sofort gründlich gereinigt werden. Wenn der Milchsaft ins Auge gelangt ist, wird sogleich lange und mehrfach mit reinem Leitungswasser gespült, danach ärztlich untersucht. Bei innerlicher Aufnahme größerer Mengen sind Magenspülungen, Gaben von Aktivkohle und gegebenenfalls von Abführmitteln sowie eine weitere symptomatische Behandlung durch den Arzt erforderlich.

## SONNENWENDWOLFSMILCH

**Familie:** Wolfsmilchgewächse (Euphorbiaceae)

**Name:** Gattungsname s. *E. cyparissias*; *helioscopia* von *helios*, griech. = Sonne, *skopein* = blicken, hinschauen; d.h. nach der Sonne blickend, sonnenwendig.

**Beschreibung:** Die bis etwa 30 cm hohe, einjährige Pflanze besitzt einen runden, kahlen, meist einfachen Stengel, der am Grunde auch 2 kleine Seitenäste tragen kann. Die umgekehrt eiförmigen bis keilförmigen Blätter sind zerstreut angeordnet, vorn klein gesägt und nach unten zu ganzrandig.

Die meist 5strahligen, 2- bis 3gabligen Scheindolden werden von relativ großen, verkehrt-eiförmigen Hüllblättern umgeben. Der Hüllkelch des Cyathiums besitzt 4 Zipfel. Die Staubblüten setzen sich aus meist 8 einzelnen Staubgefäßen zusammen. Die gestielte Fruchtblüte hängt über. Die Frucht ist eine 3fächrige, aufspringende Kapsel mit eiförmigen, braunen Samen.

**Blütezeit:** Juni bis September.

**Vorkommen und Verbreitung:** Auf lehmigen Äckern, mäßig trockenen Ruderalstellen in ganz Europa und Westasien anzutreffen.

**Toxische Bestandteile und Vergiftungssymptome:** s. *Euphorbia cyparissias*.

## GARTENWOLFSMILCH

**Familie:** Wolfsmilchgewächse (Euphorbiaceae)

**Name:** Gattungsname s. *E. cyparissias*, *peplus* = römischer Pflanzenname, vermutlich von *peplos*, griech. = Decke, Gewand, d.h. bezugnehmend auf die Hüllblätter.

**Beschreibung:** Die einjährige Pflanze wird bis 30 cm hoch und besitzt einen vom Grunde auf verzweigten Stengel. Die abwechselnd oder zerstreut stehenden Blätter sind gestielt, verkehrt eiförmig, vorn stumpf, ganzrandig, unbehaart und werden von unten nach oben größer. Die Blüten stehen in 3strahligen Scheindolden mit wiederholt 3- bis 6maliger Gabelung.

Die eiförmigen Hüllblätter sind kurz stachelspitzig, der Hüllkelch des Cyathiums ist bauchig. Die grünen Drüsen weisen 2 deutliche, lange, parallelverlaufende Fortsätze auf. Die gestielte Fruchtblüte hängt über. Aus dem Fruchtknoten entwickelt sich eine 3fächrige Kapsel, die an den 3 Kielen schmal doppelt geflügelt ist.

**Blütezeit:** Juli bis Oktober.

**Vorkommen und Verbreitung:** In Gärten, auf sandig-lehmigen, meist stickstoffreichen Äckern der gesamten nördlichen Halbkugel vorkommend.

**Toxische Bestandteile und Vergiftungssymptome:** s. *Euphorbia cyparissias*.

# WEIHNACHTSSTERN, Adventsstern

**Familie:** Wolfsmilchgewächse (Euphorbiaceae)

**Name:** Der Gattungsname ist ein lateinischer Pflanzenname, der nach Euphorbos, einem Leibarzt des Königs Juba von Mauretanien, 54 v. Chr., gewählt wurde. *Pulcherrimus*, lat., heißt am schönsten bzw. sehr schön und bezieht sich auf das prachtvolle Aussehen der Pflanze, die – wie der deutsche Name aussagt – zur Weihnachtszeit blüht. Die Pflanze wurde 1822 von Poinzette, dem nordamerikanischen Gesandten in Mexiko, unter den Weihnachtsdekorationen der Azteken gefunden. Ihm zu Ehren nannte man sie *Poinsetta pulcherrima*, aber die Gattung trug bereits den Namen *Euphorbia*. Im gärtnerischen Sprachgebrauch wird die Pflanze daher immer noch Poinsettie genannt.

**Beschreibung:** Der in der Heimat hohe Strauch hat wechselständig angeordnete, langgestielte, eilanzettliche Blätter mit buchtig gelappten Abschnitten. Die stark reduzierten, unscheinbaren Blüten stehen in sogenannten Cyathien (Scheinblüten) am Ende der Äste. Sie sind von großen, roten, sternförmig angeordneten Hochblättern umgeben. Die Pflanze enthält in ungegliederten Milchröhren einen Milchsaft.

**Blütezeit:** Als Zimmerpflanze bei uns ab Dezember.

**Vorkommen und Verbreitung:** Die Heimat befindet sich in Mexiko und Zentralamerika. In Europa wird die Art als Zimmerpflanze mit 0,60 bis 1,20 m Höhe gezogen.

**Toxische Bestandteile:** Die toxischen Stoffe in der Pflanze sind bis heute in ihrer chemischen Struktur nicht mit Sicherheit bekannt, zumal die in anderen Arten der Gattung vorhandenen giftigen Diterpenesterderivate hier nicht nachgewiesen werden konnten.

**Vergiftungssymptome:** Über Vergiftungen mit dieser in der Weihnachtszeit in vielen Haushalten anzutreffenden Pflanze existieren sehr widerspruchsvolle Angaben. Diese erstrecken sich von unbedeutenden Effekten bis zum tödlichen Vergiftungsverlauf. Es werden gelegentlich Hauterkrankungen, offenbar durch eine allergische Überempfindlichkeit beim gärtnerischen Umgang mit der Pflanze, beobachtet. Bei Kleinkindern, die Blätter der Pflanze in den Mund stecken, kann es zu lokalen Entzündungserscheinungen kommen. Jede Einnahme der Blätter ist zu unterlassen, da sie leicht zu Übelsein und Erbrechen führt.

**Therapiemaßnahmen:** Bei Hauterkrankungen, die im Zusammenhang mit dem Kontakt zur Pflanze bestehen, sollte der Hautarzt konsultiert werden. Nach Verzehr von Pflanzenteilen genügen in den meisten Fällen reichliche Flüssigkeitsgaben mit Aktivkohle. Möglicherweise ist durch die Kultivierung der Pflanze ihre Giftwirkung und damit ihre Gefährlichkeit geringer geworden. Dennoch ist Vorsicht besonders für Kinder geboten.

**Geschichtliches:** Die Feuerblume der Mexikaner, so nannte man die Pflanze in ihrem Heimatgebiet, entstand nach der Sage der Azteken aus den Blutstropfen des an unglücklicher Liebe gebrochenen Herzens einer aztekischen Göttin.

# FAULBAUM

**Familie:** Kreuzdorngewächse (Rhamnaceae)

**Name:** Früher wurde diese Art als *Rhamnus frangula* L. bezeichnet. *Rhamnus*, griech. = Dornstrauch. Der deutsche Name steht im Zusammenhang mit dem Vorkommen des Faulbaums an feuchten, morastigen, bodensauren Standorten.

**Beschreibung:** Der Strauch oder auch kleine Baum kann 4 m hoch werden. Er besitzt glatte, dornenlose Äste. Die rundlich-eiförmigen, ganzrandigen, wechselständig angeordneten Blätter mit in der Regel 7- bis 9bogig verlaufenden, auffälligen Seitennerven sind oberseits dunkelgrün, unterseits hellgrün und können an der Sonnenseite rötlich sein. Die wenig auffälligen, grünlichweißen Blüten stehen zu 2-10 in blattachselständigen Trugdolden. Die kugligen, zuerst grünen, später roten und schließlich schwarzvioletten Steinfrüchte kommen meist in den verschiedenen Reifegraden gleichzeitig am Strauch vor. Typisches Erkennungsmerkmal für die Pflanze ist die Rinde mit den quer angeordneten, grauweißen Lentizellen (Korkwarzen).

**Blütezeit:** Mai bis Juni oder auch noch später.

**Vorkommen und Verbreitung:** In nahezu ganz Europa, Asien und Nordamerika auf feuchten Böden, in Birkenmooren, Erlenbrüchen und dgl. anzutreffen.

**Toxische Bestandteile:** Die Pflanze, insbesondere die Rinde und die Früchte, enthält u.a. Anthrachinonderivate, die im frischen Zustand meist als sogenannte Anthrone vorliegen und hauptsächlich für die Unverträglichkeit verantwortlich sind.

**Vergiftungssymptome:** Die ordnungsgemäß gealterte Rinde findet pharmazeutisch als Abführdroge Anwendung. Sowohl die frisch geschälte Rinde als auch die Früchte führen dagegen zur Reizung der Magenschleimhaut und bewirken Brechreiz und Koliken, die häufig mit blutigen Durchfällen verbunden sind. In schweren Fällen kann es auch zu Kollapszuständen kommen. Solche schweren Vergiftungen werden insbesondere bei Kindern nach Verzehr der Früchte beobachtet.

**Therapiemaßnahmen:** Obwohl beim Verzehr von nur wenigen Beeren durch Kinder keine lebensbedrohlichen Vergiftungen zu erwarten sind, ist die Altersabhängigkeit zu bedenken und eine sorgfältige Beobachtung des Patienten notwendig. Gegebenenfalls einzuleitende Behandlungsmaßnahmen, die unter ärztlicher Kontrolle erfolgen sollten, sind Magenentleerung, Gaben von Aktivkohle, Schleimzubereitungen, z.B. von Haferschleim, sowie weitere symptomatische Maßnahmen, wie Flüssigkeits- und Elektrolytersatz.

**Geschichtliches:** Die Droge wurde früher unberechtigterweise auch als Wurmmittel und mißbräuchlich als Abtreibungsmittel verwendet.

# WALDMEISTER

**Familie:** Röte- oder Krappgewächse (Bubiaceae)

**Name:** Die Art wurde früher als *Asperula odorata* L. bezeichnet. Während sich der ursprüngliche Gattungsname (*asper*, lat. = rauh) auf die etwas rauhen Blätter bezieht, leitet sich *Galium* von *gala*, griech. = Milch ab, weil die Milch durch den Saft der Pflanze ähnlich wie das Labferment gerinnt. Der Artname (*odoratus*, lat. = wohlriechend) bezieht sich auf den von der Pflanze ausgehenden Duft.

**Beschreibung:** Die bis zu 60 cm, meist aber nur etwa 20-30 cm hohe Staude besitzt einen dünnen, walzenförmigen, kriechenden Wurzelstock, der im Frühjahr einen quirlig beblätterten Stengel treibt. Die Blattquirle bestehen aus 6-9 lanzettlichen Blättchen. Der reich verzweigte Blütenstand am Ende des Stengels bildet eine Trugdolde. Die gestielten Einzelblüten weisen einen fast gänzlich zurückgebildeten Kelch und kleine, weiße, 4lappige, trichterartige Kronblätter auf. Aus dem unterständigen Fruchtknoten entwickeln sich 2 einsamige, mit winzigen, hakigen Borsten besetzte Teilfrüchtchen. Die ganze Pflanze hat besonders im welken Zustand einen typischen Cumaringeruch.

**Blütezeit:** Mai bis Anfang Juni.

**Vorkommen und Verbreitung:** Besonders in Mittel- und Nordeuropa sowie im nördlichen Asien in krautreichen Laubwäldern, vor allem in Buchenwäldern, auf feuchten, nicht zu schattigen Standorten vorkommend.

**Toxische Bestandteile:** Die Art enthält u.a. das Glycosid Asperulosid sowie Cumarin, das aus einer glycosidischen Vorstufe besonders beim Trocknen der Pflanze gebildet wird.

**Vergiftungssymptome:** Das im Waldmeister enthaltene bzw. aus glycosidischen Vorstufen gebildete Cumarin verursacht in höheren Dosen Benommenheit und Kopfschmerzen. Es kann bei wiederholter Anwendung zu Leberschädigungen führen. Auch eine krebsauslösende Wirkung ist nicht auszuschließen.

**Therapiemaßnahmen:** Eine akute Vergiftung kommt kaum vor. In solchen Fällen erfolgt die Behandlung symptomatisch durch den Arzt. Vor einer Daueranwendung der Droge ist aber zu warnen.

**Geschichtliches:** Die krampflösende und beruhigende Wirkung der Droge wurde früher in der Volksheilkunde bei Leibschmerzen und Schlafstörungen genutzt, ebenso die antiödematöse Wirkung des Cumarins bei Venenerkrankungen und Durchblutungsstörungen. Auf den Gehalt an Cumarin gehen auch die frühere Anwendung der Droge als aromatisierender Zusatz zum Tee sowie die Verwendung des frischen Krautes zur sogenannten Maibowle zurück. Der Genuß letzterer kann eher zu heftigen Kopfschmerzen führen und ist wegen der schädigenden Wirkung des Cumarins unbedingt zu unterlassen.

# FÄRBERGINSTER

**Familie:** Schmetterlingsblütengewächse (Fabaceae)

**Name:** Der Gattungsname ist lateinischen Ursprungs, der Artname *tinctoria* weist auf die Verwendung der Pflanze zum Färben hin. Auch weitere Namen, z.B. Farbkraut, Farbblume, Farbchrut, lassen sich auf die Färbeeigenschaften der Pflanze zurückführen. Als Goldkraut wird die Pflanze mitunter wegen der gelben Blütenfarbe bezeichnet.

**Beschreibung:** Die stets dornenlose, etwa 30-60 cm hohe Pflanze bildet einen Halbstrauch mit gefurchten, grünen, rutenförmigen, dornenlosen Zweigen. Die dunkelgrünen Blätter sind ungeteilt, lanzettlich und haben kurze, linealpfriemliche Nebenblätter. Die 1-1,5 cm langen, gelben Schmetterlingsblüten stehen in endständigen Trauben. Die Früchte sind kahle, etwa 2 cm lange und 2-3 mm breite, lineale Hülsen mit welligem Rand und enthalten 6-10 dunkle, rundliche Samen.

**Blütezeit:** Juni bis August.

**Vorkommen und Verbreitung:** Besonders in Europa und im westlichen Asien vorkommend. Die mäßig anspruchsvolle Pflanze bevorzugt Trockenrasen, Heiden und lichte, wärmeliebende Wälder.

**Toxische Bestandteile:** Bei den Giftstoffen handelt es sich um Alkaloide, u.a. Cytisin, Anagyrin, Methylcytisin und Lupanin, sowie – besonders in den Blüten – um Flavonoide (u.a. Luteolin und Genistein).

**Vergiftungssymptome:** Vergiftungen sind vornehmlich durch die Alkaloide zu erwarten. So wirkt Cytisin auf das Zentralnervensystem, besonders auf das Sprech-, Vasomotoren- und Atemzentrum, zunächst erregend, dann lähmend. Nach einer anfänglichen Blutdrucksteigerung kommt es zur Blutdrucksenkung. Vergiftungen wurden vereinzelt nach Verzehr der Hülsen durch spielende Kinder beobachtet. Dabei kann es zum Erbrechen, u.U. mit Krämpfen, Lähmungen und Kreislaufstörungen, kommen.

**Therapiemaßnahmen:** Als Erste-Hilfe-Maßnahmen sofort Erbrechen auslösen, Aktivkohle geben und reichlich Tee oder Fruchtsaft trinken lassen. Soweit weitere Behandlungsmaßnahmen erforderlich sind, müssen sie symptomatisch durch den Arzt erfolgen.

**Geschichtliches:** Bereits im 16. Jahrhundert belegten Clusius und Dodonaeus die Pflanze mit ihrem Namen, und vermutlich hat sie bereits der Italiener Benedetta Rinio in seinem 1415 erschienenen »Liber de simplicibus« von den anderen Ginsterarten unterschieden. Im 17. und 18. Jahrhundert wird über die Verwendung des Krautes (Herba Genistae tinctoriae) bei Wassersucht berichtet, und die Verwendung der Pflanze in der Volksheilkunde als harntreibendes Mittel, bei Harnwegsinfektionen sowie bei Rheuma und Gicht blieb noch bis in unser Jahrhundert hinein erhalten. Außerdem diente die Pflanze zur Gewinnung der Flavonoide, die für Färbezwecke, und zwar zum Gelbfärben, zur Herstellung des sogenannten Schüttgelbes, benutzt wurden.

# GOTTESGNADENKRAUT

| | |
|---|---|
| **Familie:** | Braunwurzgewächse (Scrophulariaceae) |
| **Name:** | *gratia*, lat. = Gnade, *officina*, lat. = Werkstatt, Apotheke, d.h. arzneilich verwendet. Die Bezeichnung Gottesgnadenkraut deutet auf eine hohe Wertschätzung in früherer Zeit als Heilpflanze hin. Weitere deutsche Namen waren Maggi-, Nies- oder Laxierkraut. |
| **Beschreibung:** | Die etwa 20-40 cm hohe Pflanze besitzt einen kriechenden, gegliederten Wurzelstock. Der aufrechte Stengel ist oben 4kantig und hohl. Die ungestielten, halbstengelumfassenden, lineallanzettlichen, klein gesägten Blätter sind bis etwa 5 cm lang und kreuzgegenständig angeordnet. Die gestielten Blüten stehen einzeln in den Blattachseln. Die etwa 1 cm lange, weiße, mitunter auch gelbliche, rötlich geaderte, oft auch rötlich überlaufene, röhrige Blumenkrone wird von einem 5spaltigen Saum umgeben. Die Frucht ist eine eiförmige, 4klappige, vielsamige, zugespitzte Kapsel. Das Kraut hat auch nach dem Trocknen keinen Geruch, aber einen bitteren und brennenden Geschmack. |
| **Blütezeit:** | Juni bis August. |
| **Vorkommen und Verbreitung:** | Die Pflanze bevorzugt feuchte Standorte, z.B. Verlandungsgesellschaften, Sumpfwiesen, Gräben und Tümpel. Sie kommt an solchen Stellen vornehmlich in der Ebene Europas und Asiens vor. |
| **Toxische Bestandteile:** | Die Krautdroge enthält ein Gemisch sogenannter Cucurbitacine, die strukturell tetracyclische Triterpene darstellen und z.T. glycosidiert vorliegen. Sie sind offensichtlich für die Vergiftungserscheinungen verantwortlich, die man bei der früheren Anwendung der Droge, u.a. als drastisches Abführmittel, Wurmmittel oder Abtreibungsmittel, beobachten konnte. |
| **Vergiftungssymptome:** | Bei Vergiftung kommt es zu Übelkeit, Erbrechen, Koliken, blutigen Durchfällen, Krämpfen, Nierenreizung sowie Störungen der Herztätigkeit und der Atemfunktion. Auch das Sehvermögen und die Farbempfindung wurden beeinträchtigt. Bei tödlichem Verlauf erfolgt der Tod durch Kreislaufversagen, wahrscheinlich infolge Atemlähmung. |
| **Therapiemaßnahmen:** | Als Erste-Hilfe-Maßnahmen sind das Auslösen von Erbrechen und dann Gaben von Aktivkohle zu nennen. Anschließend sollte reichlich Tee getrunken werden. Weitere Maßnahmen müssen symptomatisch durch den Arzt erfolgen. |
| **Geschichtliches:** | Die Pflanze war im Mittelalter eine hochgeschätzte Arzneidroge und wurde in allen Kräuterbüchern geführt. Sie wird heute nur noch in der Homöopathie angewendet. Die aus dem frischen, vor der Blüte gesammelten Kraut bereitete Essenz findet u.a. bei chronischer Gastroenteritis, schmerzhaften Koliken sowie bei chronischen Hautleiden und bei Hämorrhoiden Verwendung. |

# EFEU

**Familie:** Araliengewächse (Araliaceae)

**Name:** Der Gattungsname ist von *hedra*, griech. = das Sitzen abgeleitet und bezieht sich auf das Haften an der Unterlage (z.B. an Baumstämmen); *helix*, lat. = gewunden, als Wurzelkletterer gedeihend.

**Beschreibung:** Das immergrüne, mit Hilfe von Haftwurzeln kletternde Holzgewächs kann Höhen bis zu 20 m erreichen. Die dunkelgrünen, ledrigen, glänzenden und in der Jugend behaarten Laubblätter sind bei den blühenden Sprossen eiförmig-lanzettlich, bei den nichtblühenden 3- bis 5lappig (Heterophyllie). Wenn die Pflanze über ihre Unterlage hinauswächst bzw. ein bestimmtes Alter erreicht, bildet sie rundliche Blätter aus und entwickelt jährlich kleine, zwittrige, grünlichgelbe Blüten, die in einfachen Dolden angeordnet sind. Die erbsengroßen Beerenfrüchte enthalten 3-5 nierenförmige Samen. Die bitteren und ungenießbaren Früchte reifen erst im Winter. Sie sind zunächst rötlich-violett, danach dunkelbraun und zur Reifezeit im Frühjahr blauschwarz. Sie bleiben auch über den Sommer in halbkugligen doldigen Fruchtständen stehen.

**Blütezeit:** September bis November.

**Vorkommen und Verbreitung:** Im gesamten Europa, nur im hohen Norden fehlend, insbesondere in Laubwäldern, an Felsen, Mauern und Zäunen anzutreffen.

**Toxische Bestandteile:** Glycosidische Verbindungen, besonders ein Komplex von Saponinen, u.a. Hederasaponin C und α-Hederin, sowie Sesquiterpene, u.a. Germacren B. Als besonders toxisch gilt das Fruchtfleisch der Beeren.

**Vergiftungssymptome:** Bei Aufnahme kleiner Mengen, z.B. Verzehr von Beeren durch Kinder, kommt es zu Reizerscheinungen des Magen-Darm-Traktes mit Übelkeit, Erbrechen und Kopfschmerzen. Es kann auch ein scharlachartiger Ausschlag auftreten, der zunächst an den Beinen beginnt, dann aber auch das Gesicht und den Rücken befällt. Größere Mengen der Pflanze führen zu Brechdurchfällen und Krämpfen, die lebensbedrohlich sein können.

**Therapiemaßnahmen:** Als Erste-Hilfe-Maßnahme ist die Bindung des Giftes durch Gaben von Aktivkohle (etwa 10,0 g) erforderlich. Die weitere Behandlung, gegebenenfalls auch Magenspülung, muß symptomatisch durch den Arzt bzw. in der Klinik erfolgen.

**Geschichtliches:** Die Blattdroge wurde früher in der Volksheilkunde als hustenlösendes Mittel sowie bei Gicht, Rheuma und Skrofulose angewendet. Efeuextrakte (Fertigpräparate) dienen auch heute in therapeutischen Dosen als krampflösendes Mittel bei Erkrankungen der Atmungsorgane insbesondere in der Kinderheilkunde.

In der Homöopathie findet die aus den frischen Schossen bereitete Essenz u.a. bei Bronchialasthma Anwendung.

# STINKENDE NIESWURZ

**Familie:** Hahnenfußgewächse (Ranunculaceae)

**Name:** Der Gattungsname ist griechischen Ursprungs und geht auf die im Altertum gegen Wahnsinn angewandte Art *Helleborus orientalis* zurück. Der Name leitet sich offenbar von *hellein*, griech. = töten und *bord*, griech. = Speise ab, da der Genuß den Tod bringen kann. Die Pflanze kommt besonders bei der griechischen Stadt Antikyra vor, die am Fluß Helleborus liegt. Der Artname *foetidus* bedeutet übelriechend, stinkend.

**Beschreibung:** Die etwa 30-80 cm hohe Pflanze ist ausdauernd mit einem spindelförmigen, ästigen Wurzelstock. Die unteren dunkelgrünen Blätter sind langgestielt, fußförmig, mit 7-9 lanzettlichen, spitzen, fein gesägten Blättchen. Die oberen ungestielten Blätter bestehen mehr oder weniger nur aus der breiten Scheide mit sehr kleinen Blattzipfeln. Sie gehen nach oben in die ovalen Deckblätter des Blütenstandes über. Die Blüten stehen doldentraubig in einem rispenartigen Blütenstand. Die Blüte wird von einem 5blättrigen, glockenförmigen, braunrot gesäumten Kelchblattkreis gebildet, während die Kronblätter zu schlauchförmigen, offenen, abgestützten Honigblättern umgewandelt wurden. Die 2-3 Fruchtblätter sind aufgeblasen, kurz behaart, im unteren Drittel verwachsen. Die Frucht ist eine aufspringende, vielsamige Kapsel, deren zahlreiche eiförmige Samen eine weißliche Nabelwarze aufweisen.

**Blütezeit:** März bis Mai.

**Vorkommen und Verbreitung:** In Süd- und Mitteleuropa an halbschattigen, steinigen, vorzugsweise kalkhaltigen Stellen vorkommend, u.a. in Thüringen, Bayern, Baden-Württemberg, Rheinland-Pfalz.

**Toxische Bestandteile:** Giftige Stoffe sind in geringer Menge enthaltene Saponine, Verbindungen mit toxischen Wirkungen auf das Herz, sogenannte cardiotoxische Bufadienolide sowie Protoanemonin.

**Vergiftungs-symptome:** Als Vergiftungserscheinungen wurden Kratzen in Mund und Rachen, Speichelfluß, Übelkeit, Koliken und Brechdurchfälle bekannt, d.h. Symptome, die offenbar durch die vorhandenen Saponine, möglicherweise auch durch Protoanemonin ausgelöst werden. Bei Einnahme hoher Dosen ist Tod durch Herzstillstand, bedingt durch die cardiotoxischen Bufadienolide, möglich.

**Therapie-maßnahmen:** Zuerst ist primäre Giftentfernung durch sofortiges Erbrechen notwendig, dann werden Aktivkohle und reichlich Flüssigkeit gegeben, notfalls erfolgen weitere symptomatische Maßnahmen durch den Arzt.

**Geschichtliches:** Die Wirkung von *Helleboris*-Arten war schon in der Antike bekannt. So wurden in den antiken Erzählungen des Pausinias die Wurzeln angeblich auch als »chemische Waffen« eingesetzt, indem man belagerten Feinden, die kein Trinkwasser hatten, solches zukommen ließ, in dem vorher die Wurzeln extrahiert wurden. Durchfallartige Erkrankungen der Verteidiger führten dazu, daß diese ihre Mauern nicht mehr bewachen konnten.

# SCHWARZE NIESWURZ, Christrose

**Familie:** Hahnenfußgewächse (Ranunculaceae)

**Name:** Gattungsname siehe *Helleborus foetidus*; die Bezeichnung Christrose bringt zum Ausdruck, daß die Pflanze oft zur Weihnachtszeit blüht. Schwarze Nieswurz heißt sie wegen ihrer schwarzen Wurzeln, die pulverisiert zu Nies- und Schnupfpulver verwendet werden.

**Beschreibung:** Die etwa 15-30 cm hohe Staude besitzt ein kurzes, aber kräftiges Rhizom. Die überwinternden, grundständigen Blätter sind fußförmig, mit 5-9 kahlen, ledrigen, verkehrt lanzettförmigen, gegen die Spitze zu grob gesägten Blättchen. Die Blüten befinden sich meist einzeln, endständig am aufrechten Blütenstiel. Sie bestehen aus 5 weißen, nach dem Aufblühen oft rötlichen, blumenblattartig ausgebildeten Kelchblättern. Nach dem Verblühen werden sie grün und sind von 1-3 grünen, schuppenförmigen Hochblättern umgeben. Die 13-20 Kronblätter der Blüte wurden zu Nektarien umgewandelt. Die Frucht ist eine vielsamige Balgfrucht.

**Blütezeit:** Februar bis April, mitunter schon im Dezember.

**Vorkommen und Verbreitung:** Das Hauptverbreitungsgebiet der Pflanze liegt in den südlichen und östlichen Kalkalpen. Von dort kommt sie bis nach Nordwestfrankreich und zum südlichen Mitteleuropa, einschließlich der Karpaten, vor. Als Zierpflanze in Gärten kultiviert.

**Toxische Bestandteile:** Die Pflanze enthält glycosidische Verbindungen, u.a. das herzwirksame Hellebrin und das Saponin Helleborin.

**Vergiftungssymptome:** Die Giftwirkung wird in erster Linie durch das Saponin bedingt. Es kommt zu einer Reizung der Schleimhäute, u.a. zu Kratzen im Mund- und Rachenraum, zur Erhöhung der Speichelsekretion, zu gastrointestinalen Beschwerden mit Erbrechen, Koliken und Durchfällen. Die Einnahme größerer Mengen bewirkt Schwindel, Herzschwäche und Atemnot.

**Therapiemaßnahmen:** Erste-Hilfe-Maßnahmen sind sofortiges Erbrechen, danach Gaben von Aktivkohle und evtl. Abführmitteln. Anschließend ist reichlich Flüssigkeit, z.B. Tee, zu trinken. Weitere symptomatische Maßnahmen müssen durch den Arzt erfolgen.

**Geschichtliches:** Die Giftigkeit der Pflanze, aber auch ihre Heilwirkung waren schon im Altertum bekannt. Sie wird u.a. bei Theophrast und Dioskurides erwähnt und auch in den Kräuterbüchern des Mittelalters beschrieben. Die mitunter in den früheren Jahrhunderten übliche Verwendung der Droge (Rhizoma Hellebori nigri) als Wurmmittel hat auch zu Todesfällen geführt. Heute benutzt man sie nur noch als Zusatz zu Niespulvern und in der Homöopathie. Die Pflanze steht jetzt unter Naturschutz und gehört zu den vom Aussterben bedrohten Arten.

# GRÜNE NIESWURZ

**Familie:** Hahnenfußgewächse (Ranunculaceae)

**Name:** Gattungsname siehe *Helleborus foetidus*. Der Artname weist auf die Grünfärbung der Blüte hin.

**Beschreibung:** Die etwa 15-40 cm hohe Pflanze ist ausdauernd und besitzt einen kurzen, mehrköpfigen Wurzelstock. Die dunkelgrünen, grundständigen, fußförmigen Blätter bestehen aus einzelnen lanzettlichen, dünnen, nicht lederartigen, zurückgekrümmten und am ganzen Rand scharf gesägten Blättchen. Der runde Stengel ist bis zur Verzweigung blattlos, einblütig, jedoch oft verzweigt mit einem an der Verzweigungsstelle kleinen, fingerartig geteilten Blatt. Die verhältnismäßig großen Blüten stehen einzeln und duften schwach, aber angenehm. Der 5blättrige, grüne Kelch ist ausgebreitet, während die Kronblätter zu gelbgrünen, 2lippigen Nektarien umgewandelt sind. Es treten zahlreiche Staubblätter auf. Die aus 3 vielsamigen Balgfrüchten bestehende Frucht gleicht einer 3spaltigen Kapsel. Der meist als Droge verwendete Wurzelstock schmeckt intensiv bitter, dann scharf und brennend.

**Blütezeit:** März bis April.

**Vorkommen und Verbreitung:** Als kalkliebende Pflanze besonders in Gebirgsgegenden in lichten Wäldern und Gebüschen in Mittel- und Südeuropa anzutreffen.

**Toxische Bestandteile:** Glycosidische Stoffe, vor allem Steroidsaponine, außerdem herzwirksame Glycoside, u. a. Hellebrin, sowie Protoanemonin und Alkaloide.

**Vergiftungssymptome:** Wie bei der Schwarzen Nieswurz führt die unkontrollierte Einnahme durch die Saponine und das Protoanemonin zu starken Reizungen der Schleimhäute und heftigen gastrointestinalen Erkrankungen, die sich besonders durch Kratzen im Mund- und Rachenraum, Magenschmerzen, Koliken, Erbrechen und Durchfälle äußern. Die enthaltenen Alkaloide können zunächst Unruhe und Krämpfe auslösen, danach zu Lähmungen führen, die auch das Atemzentrum betreffen. Schwere Vergiftungen wurden bei Kindern nach Samenaufnahme beobachtet.

**Therapiemaßnahmen:** Auslösen von Erbrechen, Gaben von Aktivkohle; evtl. von Abführmitteln und von reichlich Flüssigkeit. Die weitere symptomatische Behandlung muß unter ärztlicher Kontrolle erfolgen.

**Geschichtliches:** Die Giftwirkung der Pflanze war bereits im Altertum bekannt, wobei möglicherweise keine Unterschiede zwischen den 3 Nieswurzarten (*H. foetidus*, *H. niger* und *H. viridis*) gemacht wurden. Wegen der hohen Giftigkeit wird die Pflanze in der Heilkunde nicht mehr genutzt. Sie steht unter Naturschutz.

# LEBERBLÜMCHEN

**Familie:** Hahnenfußgewächse (Ranunculaceae)

**Name:** Das 3lappig geformte Blatt ähnelt den Leberlappen. Nach der Signaturlehre des Mittelalters wurden deshalb der wissenschaftliche und deutsche Name gebildet; *hepaticus* = die Leber betreffend, *nobilis* = edel oder vornehm. Der frühere Name war *Anemone hepatica* L.

**Beschreibung:** Ausdauernde Staude mit kurzem, fasrigem, dunkelbraunem, häufig gegabeltem Wurzelstock, aus dem sich nach der Blüte zahlreiche grundständige, langgestielte, überwinternde Blätter entwickeln. Sie haben anfangs, wie ihre rötlichen Stiele, unterseits eine weißseidige Behaarung, während die grüne Oberseite oft weißliche Flecken aufweist. Am natürlichen Standort sind die Blütenblätter meist himmelblau, ausnahmsweise rosa oder weiß. In Gärten zieht man auch gefüllte rote und weiße Formen, so z. B. das Leberblümchen Siebenbürgens (*Hepatica transsylvanica*) mit 5lappigen Blättern. Die Beutel der zahlreichen Staubgefäße sind weißlich, wodurch sie sich von den Blütenblättern scharf abheben. Gegen Abend schließen sich die Blüten und nehmen eine nickende Stellung ein; bei schlechtem Wetter bleiben die Blüten geschlossen. Die Früchte entwickeln sich schnell zu einsamigen, länglichen Nüßchen mit einem fleischigen Anhang, der von Ameisen gefressen wird und so für die Verbreitung sorgt.

**Blütezeit:** März bis April.

**Vorkommen und Verbreitung:** Die typische Halbschattenpflanze kommt in lichten, krautreichen Eichen- und Buchenwäldern, aber auch in Mischwäldern mit Fichten vor. Sie wächst in der Ebene und im Mittelgebirge, erreicht in den Alpen über 1500 m Höhenlagen und bevorzugt lockere, humose Kalk- sowie Lehmböden. Verbreitung in fast ganz Europa bis zum 65. Breitengrad. Ähnliche Formen gibt es auch in Asien (Südmandschurei, Korea, Japan) und im gemäßigten Nordamerika.

**Toxische Bestandteile:** Insbesondere Protoanemonin und Anemonin sowie Saponine. Erstere sind vorwiegend in der frischen Pflanze enthalten und werden beim Trocknen zu weniger wirksamen Verbindungen abgebaut.

**Vergiftungssymptome:** Brechdurchfall, Schwindel, Erregung mit Krämpfen, die in schweren Fällen bis zur Atemlähmung führen können. Auch Schleimhautschädigungen der Luftwege sind möglich.

**Therapiemaßnahmen:** Als Erste-Hilfe-Maßnahmen Auslösen von Erbrechen, Gaben von Aktivkohle, evtl. Natriumsulfatlösung als Abführmittel, reichlich warmen Tee trinken. Die weitere Behandlung muß symptomatisch durch den Arzt erfolgen.

**Geschichtliches:** Schon 1565 empfiehlt Hieronymus Bock in seinem berühmten »Kreutterbuch« das Leberblümchen gegen »verstopfte« Leber. Man glaubte im Mittelalter, daß die für ein bestimmtes Organ heilsamen Pflanzen eine diesem ähnliche Gestalt, z. B. ähnliche Blattform, besitzen (Signaturlehre). So diente in der Volksheilkunde das getrocknete Kraut gegen Leber- und Gallenleiden, die frische, zerquetschte Pflanze äußerlich als Wundheilmittel.

# GEMEINE BÄRENKLAU, Wiesenbärenklau

**Familie:** Doldengewächse (Apiaceae)

**Name:** Der Gattungsname wurde nach Herakles (Herkules) gewählt, der die Heilkraft der Pflanze entdeckt haben soll. Der deutsche Name bezieht sich auf die Gestalt der rauhhaarigen Blätter.

**Beschreibung:** Die etwa 0,5-1,5 m hohe Pflanze kommt zweijährig oder ausdauernd vor. Ihre bis 60 cm großen, borstig behaarten Grundblätter können ungeteilt oder bis 9zählig fiederschnittig sein. Der kantige Stengel ist gefurcht, meist borstig behaart und weist bauchig aufgeblasene Blattscheiden auf. Die zahlreichen radiären, weißen oder grünlichgelben Blüten stehen in Doppeldolden mit ungleich langen Doldenstrahlen. Die abgeflachten, meist elliptischen Früchte sind 6- 10 mm lang.
Der zur gleichen Gattung gehörende Riesenbärenklau s. S. 228.

**Blütezeit:** Juni bis September.

**Vorkommen und Verbreitung:** In ganz Europa und darüber hinaus verbreitet, besonders auf Uferstaudenfluren, Fettwiesen und in Auwäldern vorkommend.

**Toxische Bestandteile:** Der Wiesenbärenklau enthält in allen Teilen, besonderes in den Wurzelstöcken und Früchten, neben ätherischem Öl vor allem sogenannte Furanocumarine, u.a. Xanthotoxin (8-Methoxypsoralen), Bergapten und Imperatorin. Sie haben phototoxische Wirkungen.

**Vergiftungssymptome:** Bei Kontakt mit dem Saft der Pflanzen kommt es – besonders bei empfindlichen Personen – zur Photosensibilisierung. Es tritt die sogenannte Wiesendermatitis auf, die sich durch Rötung der Haut, Schwellungen, Blasenbildungen und verstärkte Pigmentation auszeichnet. Oft ist auch Fieber zu verzeichnen. Durch intensive Belichtung und hohe Luftfeuchtigkeit kann der Entzündungsprozeß noch verstärkt werden. Dabei reagieren wenig pigmentierte Teile der Haut besonders empfindlich. Gefährdet sind vor allem Kinder.
Allerdings existieren mehrere Unterarten des Wiesenbärenklaus mit z.T. sehr abgeschwächter Phototoxizität.

**Therapiemaßnahmen:** Die Behandlung der Erkrankung kann durch lindernde Maßnahmen mit abschwellenden und entzündungswidrigen Mitteln rein symptomatisch nach Konsultation des Hautarztes erfolgen. Obwohl nach dem Eintrocknen der Blasen die Beschwerden verschwinden, dauert es längere Zeit bis zur vollständigen Normalisierung der Haut.

**Geschichtliches:** In der Volksheilkunde diente die Wurzeldroge (Radix Heraclei sphondylii) gelegentlich als Mittel gegen Verdauungsbeschwerden, die Krautdroge (Herba Heraclei sphondylii) bei Entzündungen des Rachens, des Kehlkopfes und der Atemwege. In der Homöopathie finden Zubereitungen aus der frischen Krautdroge mitunter bei Hauterkrankungen Anwendung.

# SCHWARZES BILSENKRAUT

**Familie:** Nachtschattengewächse (Solanaceae)

**Name:** *Hys*, Genitiv *hyos*, griech = Schwein, *kyamos* = Bohne, d.h. Schweinsbohne, da angeblich Schweine ohne Nachteil das Kraut fressen können. Die deutsche Bezeichnung ist auf das althochdeutsche *belisa* = mit der Wurzel und *bal* = töten zurückzuführen, d.h. todbringendes Kraut.

**Beschreibung:** Zweijährige, seltener einjährige Pflanze mit einfachem oder verästeltem, bis etwa 50 cm hohem Stengel und einfacher oder rübenförmiger Wurzel. Von den buchtig gezähnten Blättern sind die unteren gestielt, die oberen halbstengelumfassend und wie der Stengel und die Kelche zottig-drüsig behaart. Die fast sitzenden, einseitswendig angeordneten Blüten stehen einzeln. Der becherförmige Kelch ist in 5 Zähne gespaltet, und die glockige, schmutziggelbe, 5lappige Blumenkrone weist einen meist rotvioletten Schlund mit violetten Staubbeuteln auf. Die Frucht stellt eine eiförmige, vom Kelch umschlossene, 2fächrige Kapsel dar, die sich mit einem Deckel öffnet und etwa 200 kleine, nierenförmige, graubraune Samen enthält.

**Blütezeit:** Juni bis September.

**Vorkommen und Verbreitung:** Ursprünglich im Mittelmeergebiet sowie in den Trockengebieten Zentral- und Ostasiens heimisch, heute in Europa zerstreut insbesondere als Ruderalpflanze auf Schuttplätzen anzutreffen.

**Toxische Bestandteile:** Die Pflanze enthält in allen Teilen einen Komplex von Tropanalkaloiden in Mengen von 0,05-0,3%, die auch für die arzneiliche Anwendung der Droge verantwortlich sind. Den höchsten Gehalt weisen die Samen auf. Hauptalkaloide sind Hyoscyamin und Scopolamin.

**Vergiftungssymptome:** Die Symptome sind denen bei Vergiftung durch Stechapfelzubereitungen ähnlich (s. S. 74). Im toxischen Bereich steht dabei zunächst die zentraldämpfende Wirkung des Scopolamins im Vordergrund (Schlafkraut).

Da die Pflanze kaum verwechselt wird, sind Vergiftungen durch das Bilsenkraut äußerst selten, obwohl die Samen Ähnlichkeit mit Mohnsamen besitzen und bereits 15 Samenkörner bei Kindern lebensgefährlich sein können. Im Mittelalter war Bilsenkraut neben Tollkirsche, Alraune und anderen Pflanzen Bestandteil der sogenannten Hexensalben und Liebestränke. Auch dem Bier wurde es verbotenerweise zugesetzt, um es berauschend zu machen.

**Therapiemaßnahmen:** Bei Vergiftung sind im Prinzip die gleichen Behandlungsschritte wie bei der durch Tollkirsche (s. S. 36) vorzunehmen.

**Geschichtliches:** Bilsenkraut war schon im Altertum sowohl bei den Kulturvölkern am Persischen Golf als auch bei den indogermanischen Völkern als Arznei- und Giftpflanze bekannt. Es wurde bewußt als Schlaf- und Betäubungsmittel mißbraucht und kam auch als Mord- und Selbstmordgift zum Einsatz.

# STECHPALME, Hülse

**Familie:** Stechpalmengewächse (Aquifoliaceae)

**Name:** Stechpalme, weil man das Grün am Palmsonntag zu Schmuckzwecken verwendete. Der Name Hülse hängt wahrscheinlich mit dem altdeutschen Wort huli oder hus zusammen. *Ilex* hieß bei den Römern die Immergrüne Eiche oder Steineiche (*Quercus ilex* L.), deren Blätter der Stechpalme ähneln. Mit *aquifolium* wurde früher die Stechpalme bezeichnet.

**Beschreibung:** Im Freistande bis 10 m, im Mischwald bis zu 15 m hoher Baum mit lederartigen, immergrünen dornig gezähnten Blättern. Alte Bäume haben aber oft reduzierte Blattstacheln oder auch ganzrandige, eiförmige Blätter. Die weißen Blüten stehen in 2- bis 3blütigen Trugdolden. Sie sind fast immer zweihäusig verteilt, d. h. es gibt meist Pflanzen mit nur weiblichen und andere mit nur männlichen Blüten. Die Früchte stellen rote, kuglige, beerenartige Steinfrüchte mit 4-5 Samen dar.

**Blütezeit:** Mai bis Juni.

**Vorkommen und Verbreitung:** Die Stechpalme stellt weniger an die Bodenart als vielmehr an das Klima hohe Ansprüche und kann unter günstigen Bedingungen bis zu 300 Jahre alt werden. Strauchartig findet man sie vor allem in Mischwäldern, in den Alpen z. B. bis zu 1800 m Höhe, sonst vor allem in Westeuropa, den Gebirgen Südeuropas und Nordafrikas. Als beliebtes Gehölz wird sie in England in zahlreichen grün- und buntblättrigen Spielarten kultiviert. In strengen Wintern erfrieren in Mitteleuropa alle oberirdischen Teile. Der Wurzelstock schlägt aber wieder neu aus und bildet strauchartige Wuchsformen.

**Toxische Bestandteile:** Als toxischer Stoff kommt in erster Linie ein cyanogenes Glycosid in Frage. Den höchsten Anteil davon enthalten die reifen Früchte, wesentlich weniger auch Blätter und Holzteile.

**Vergiftungssymptome:** Das Verzehren der Früchte, das wegen ihres leuchtendroten Aussehens nicht selten durch Kinder erfolgt, führt zu schweren Erkrankungen des Magen-Darm-Traktes mit Erbrechen und heftigen Durchfällen. Todesfälle sind nur aus der älteren Literatur bekannt, jedoch kann die Einnahme von mehr als 2 Früchten bei Kindern Erbrechen hervorrufen, und etwa 20-30 Beeren führen bei ihnen bereits zu lebensbedrohlichen Brechdurchfällen.

**Therapiemaßnahmen:** Erste-Hilfe-Maßnahmen sind bei Genuß kleiner Mengen in der Regel nicht nötig. Nach Aufnahme größerer Mengen (ab 10 Beeren) ist die unverzügliche Behandlung durch den Arzt notwendig. Im Vordergrund einer Behandlung stehen die Giftentfernung durch Magenspülung, Gaben von Aktivkohle und salinischen Abführmitteln, z. B. von Glaubersalz. Danach sollten reichlich Flüssigkeit, insbesondere schleimige Zubereitungen gegeben werden. Gegebenenfalls sind auch kreislaufunterstützende Maßnahmen nötig.

**Geschichtliches:** Die Früchte der Stechpalme wurden früher in der Volksheilkunde als Abführmittel und die Blätter als fiebersenkende und harntreibende Droge verwendet. Vor einer solchen Anwendung ist nachdrücklich zu warnen. Auch bei der Verwendung von Stechpalmenzweigen in weihnachtlichen Gestekken ist Vorsicht geboten.

# WASSERSCHWERTLILIE

**Familie:** Schwertliliengewächse (Iridaceae)

**Name:** Der Gattungsname *Iris* leitet sich vom Griechischen ab und bedeutet Regenbogen, da die Blüten der Gattung vielfarbig wie der Regenbogen sind. Der deutsche Name wurde nach dem Standort und den schwertförmigen Blättern gewählt.

**Beschreibung:** Die Pflanze ist eine etwa 0,5-1,0 m hohe Staude, die mit einem rundlichen Rhizom überdauert. Sie zeichnet sich durch ihre breiten, schwertförmigen Blätter aus, von denen die grundständigen etwa so lang sind wie der mehrblütige Stengel mit leuchtendgelben Blüten in den Achseln der oberen Stengelblätter. Die Blütenhülle besteht aus 3 nach außen umgeschlagenen, eiförmigen bis breit-lanzettlichen und 3 inneren, kleinen, aufrechten Blütenblättern. Zwischen letzteren befinden sich 3 blumenblattartige, 2zipflige Narbenäste. Die Frucht ist eine 3fächrige Kapsel.

**Blütezeit:** Mai bis Juni.

**Vorkommen und Verbreitung:** In Sümpfen, Gräben, Erlenbrüchen, an Ufern vorkommende typische Verlandungspflanze ganz Europas und Westasiens.

**Toxische Bestandteile:** Stengel und Laubblätter enthalten scharf schmeckende Giftstoffe, deren Wirkung auch nach dem Trocknen erhalten bleibt. In ihrer Struktur sind diese Verbindungen bis heute nicht bekannt.

**Vergiftungs-symptome:** Der brennend scharf schmeckende Pflanzensaft verursacht beim Menschen starke Beschwerden im Magen-Darm-Trakt, die durch Erbrechen und mit Koliken einhergehende Durchfälle gekennzeichnet sind. In leichteren Fällen tritt nach dem Verzehr der frischen Pflanze heftiges Brennen im Mund- und Rachenraum ein. Es sind auch Vergiftungen durch Verwechslung des Rhizoms mit Kalmus bekanntgeworden. Bei Tieren kommt es nach dem Fressen von Schwertlilienblättern, z.B. wenn diese in größerer Menge im Heu enthalten sind, zu schweren blutigen Durchfällen.

**Therapie-maßnahmen:** Gaben von Aktivkohle und nachfolgend schleimstoffhaltigen Zubereitungen. Die gegebenenfalls notwendige Weiterbehandlung muß symptomatisch durch den Arzt erfolgen.

**Geschichtliches:** Der Saft des frischen Wurzelstockes diente früher in der Volksheilkunde äußerlich zur Wundbehandlung. Heute findet die aus dem frischen Rhizom bereitete Essenz nur noch gelegentlich in der Homöopathie Anwendung. Zuweilen nutzte man die Droge auch zum Gerben und Schwarzfärben.

# SADEBAUM, Stinkwacholder

**Familie:** Zypressengewächse (Cupressaceae)

**Name:** Der wissenschaftliche Gattungsname wurde bei den Römern geprägt und leitet sich möglicherweise von *juvenis* = jung und *parere* = gebären ab, da *Juniperus Sabina* früher als Abortivum mißbraucht wurde. Auch deutsche Bezeichnungen, wie Jungfernrosmarin, Jungfernpalme oder Mägdebaum, deuten auf diese Verwendung hin. Weitere deutsche Bezeichnungen sind Sevibaum (Schweiz) oder Stinkwalder ebenso wie Stinkwacholder wegen des kräftigen, wenig angenehmen Geruchs.

**Beschreibung:** Der im allgemeinen etwa 2 m hohe Strauch weist mehr oder weniger niederliegende, mitunter fast am Boden kriechende, jedoch mit der Spitze aufstrebende Äste auf. Er kann auch einen schräg nach oben verlaufenden, bis zu 7-8 m langen Stamm mit unregelmäßiger Krone ausbilden. Die Rinde der jungen Zweige ist gelbbraun, an älteren Zweigen rötlich und blättert ab. Nur an jungen Zweigen stehen nadelförmig, sonst schuppenartig anliegende Blätter mit einem balsamischen, widrigen Geruch beim Zerreiben. Die Zweige sind dicht und buschig. Die eingeschlechtlichen Blüten der meist zweihäusigen Pflanze stehen am Ende der Zweige. Die Frucht ist ein etwa erbsengroßer, gestielter Beerenzapfen mit 1-3 Samen. Typische Erkennungsmerkmale der Pflanze sind der dichtbuschige Wuchs, der unangenehme Geruch beim Zerreiben der Blätter und die kleinen, nickend an den zurückgekrümmten Zweigspitzen angeordneten Früchte.

**Blütezeit:** April bis Mai.

**Vorkommen und Verbreitung:** Besonders in Gebirgsgegenden Südeuropas bis Zentralasiens anzutreffen, häufig in anderen Gebieten als Zierstrauch kultiviert.

**Toxische Bestandteile:** Ätherisches Öl, das in den jungen Trieben zu 2-5% enthalten ist, und als Hauptkomponenten (+) Sabinol und (+) Sabinylacetat sowie außerdem u. a. Sabinen, Cadinen und Pinen. Weitere Inhaltsstoffe sind Podophyllotoxine.

**Vergiftungssymptome:** Das ätherische Öl weist eine gefährliche Giftwirkung auf. Die innerliche Anwendung führt zu schweren Erkrankungen des Magen-Darm-Traktes mit tetanieähnlichen Zuständen und zentralen Lähmungen. Äußerlich bewirkt das Gift schwere Hauterkrankungen, verbunden mit Blasenbildung und tiefergehenden Nekrosen (Absterbeerscheinungen).

**Therapiemaßnahmen:** Primäre Giftentfernung durch Auslösen von Erbrechen, Magenspülung mit Aktivkohle und weitere symptomatische Maßnahmen durch den behandelnden Arzt, u.a. gegen möglicherweise auftretende Krämpfe. Erforderlichenfalls künstliche Beatmung.

**Geschichtliches:** Die Giftigkeit der Droge war schon im Altertum bekannt. Dennoch dienten die getrockneten Zweigspitzen (Summitates Sabinae) noch lange Zeit als Mittel gegen Warzen und spitze Condylome (Feigwarzen) sowie Menstruationsstörungen. Nicht selten wurde die Droge als Abortivum mißbraucht, eine Anwendung, die meist mit tödlichem Ausgang verbunden war.

# GEMEINER GOLDREGEN

**Familie:** Schmetterlingsblütengewächse (Fabaceae)

**Name:** Der Gattungsname *Laburnum* wird von *alburnum* bzw. *albus*, lat. = weiß abgeleitet, *anagyroides* bedeutet, daß die Pflanze der Leguminosengattung *Anagyris* ähnlich ist.

**Beschreibung:** 5-6 m hoher Strauch mit glatter Rinde und graugrünen, dornenlosen, in der Jugend herabhängenden Zweigen. Die 3zähligen, dunkelgrünen Blätter sitzen auf einem langen, behaarten Stiel. Die Einzelblättchen sind kurzgestielt, ganzrandig, länglich-elliptisch, am Ende zugespitzt bzw. stachelspitzig und unterseits behaart. Die Blüten stehen in reichblütigen, herabhängenden Trauben, wobei die Einzelblüte einen glockigen Kelch mit 2zähniger Ober- und 3zähniger Unterlippe besitzt. Die 5 goldgelben Kronblätter bestehen aus einer länglichen bis eirunden Fahne, die größer als die anderen Kronblätter ist und am Grunde häufig braunrote Streifen aufweist. Die beiden Flügel sind verkehrt-eiförmig und runzlig, während das Schiffchen aus 2 an der Spitze zusammenhängenden Blättern gebildet wird. Aus den Fruchtblättern entwickeln sich knotige, bohnenartige, etwa 6 cm lange, anfangs grüne, später bräunlichgraue Hülsen mit mehreren dunkelbraunen bis schwarzen Samen.

**Blütezeit:** Mai bis Juni.

**Vorkommen und Verbreitung:** Der Strauch ist im südlichen Mittel- und Osteuropa und im Mittelmeergebiet heimisch und wird heute in ganz Mitteleuropa als Zierstrauch, nicht selten als Bastard (*L. anagyrroides* × *L. alpinum*) gezogen.

**Toxische Bestandteile:** Sämtliche Teile der Pflanze enthalten Chinolizidinalkaloide mit dem Hauptalkaloid Cytisin, das für die toxische Wirkung in erster Linie verantwortlich ist. Den höchsten Gehalt an Alkaloiden weisen die reifen Samen mit etwa 2% auf.

**Vergiftungssymptome:** Bereits kurze Zeit nach der Einnahme stellen sich Übelkeit, Schwindel, Schmerzen in Mund und Rachen sowie in der Magengegend ein. Es folgen Schweißausbrüche, Kopfschmerzen und in der Regel lang anhaltendes, mitunter blutiges Erbrechen. Bei Einnahme großer Mengen kann Erbrechen ausbleiben und nach vorangehenden starken Erregungszuständen und Krämpfen der Tod durch Atemlähmung eintreten. Als tödliche Menge gelten 3-4 Hülsen bzw. 15-20 Samen oder 10 Blüten. Wegen der geringen Resorption der Alkaloide und des meist spontanen Erbrechens sind Vergiftungen mit tödlichem Ausgang selten.

Vergiftungen traten besonders häufig bei Kindern auf, die Samen oder ganze Früchte wegen der Ähnlichkeit mit »Schoten« verzehrten. Bereits 2-3 Samen können bei kleinen Kindern zu Erbrechen und Durchfall führen. Der Goldregen darf deshalb nicht in Kindereinrichtungen und auf Spielplätzen stehen.

**Therapiemaßnahmen:** Falls nach Einnahme kein spontanes Erbrechen erfolgt, ist dies sofort auszulösen. Außerdem gibt man Aktivkohle. Die weitere Behandlung erfolgt symptomatisch durch den Arzt.

# GIFTLATTICH

**Familie:** Korbblütengewächse (Asteraceae)

**Name:** Der Gattungsname leitet sich von *lac., lactis*, lat. = Milch ab und bezieht sich auf den Milchsaft der Pflanze; *virosa* heißt giftsaftig (lat. *virus* = Gift). Die deutsche Bezeichnung Stinksalat weist auf den unangenehmen Geruch der Pflanze hin.

**Beschreibung:** Die zweijährige, etwa 1,5-2 m hohe, milchsaftführende Pflanze bildet im ersten Jahr lediglich eine Blattrosette aus. Im zweiten Jahr entwickelt sich der hohe, runde, hohle, unten einfache, oben rispig verzweigte Stengel. Die ganzrandig oder buchtig gelappten, zerstreut sitzenden, stengelumfassenden Blätter mit pfeilförmigem Grund stehen waagerecht und sind in der Mittelrippe borstig behaart. Die Blütenköpfchen werden ausschließlich aus mehr als 5 hellgelben, zungenförmigen Zwitterblüten gebildet, die länger als die Hüllblätter sind. Sie stehen in großen Blütenständen. Die schwärzlichen, gerippten Früchte weisen einen schmal flügelartigen Rand auf.

**Blütezeit:** Juli bis September.

**Vorkommen und Verbreitung:** Die im Mittelmeergebiet heimische Pflanze ist an trockenen, sonnigen, felsigen Stellen in Süd- und Mitteleuropa z. T. verwildert anzutreffen.

**Toxische Bestandteile:** Der Milchsaft der Pflanze enthält Bitterstoffe, u. a. Lactucin und Lactupicrin, die chemisch sogenannte Sesquiterpenlactone darstellen und für die Giftwirkung verantwortlich sind.

**Vergiftungssymptome:** Vergiftungen durch den Genuß der Blätter als Salat oder infolge Überdosierung der früher verwendeten Droge Lactucarium (Lactucarium germanicum, Giftlattichsaft), bei der es sich um den eingetrockneten Milchsaft handelte, waren nicht selten. Sie äußern sich in Schweißausbruch, Beschleunigung der Atem- und Herztätigkeit, Pupillenerweiterung, verbunden mit Sehstörungen, Schlafneigung mit gelegentlichen Aufregungszuständen. In besonders schweren Fällen erfolgt der Tod durch Herzstillstand.

**Therapiemaßnahmen:** Als Erste-Hilfe-Maßnahme ist die sofortige Entfernung bzw. Inaktivierung des Giftes durch Auslösen von Erbrechen und Gaben von Aktivkohle vorzunehmen. Gegebenenfalls kann noch Glaubersalzlösung als Abführmittel gegeben werden. Die symptomatische Weiterbehandlung muß durch den Arzt erfolgen.

**Geschichtliches:** Trotz ihrer Gefährlichkeit wurde die Pflanze bereits im alten Rom als diätetisches Heilmittel (vor allem beruhigendes Mittel) benutzt. Die auch später u. a. als Beruhigungs- und Hustenmittel verwendete Droge Lactucarium hat heute wegen ihrer Unzuverlässigkeit als Heilmittel und der leichten Vergiftungsgefahr keine arzneiliche Bedeutung mehr. Sie wird nur noch in der Homöopathie in der o. g. Indikation eingesetzt.

# WANDELRÖSCHEN

**Familie:** Eisenkrautgewächse (Verbenaceae)

**Name:** Der Gattungsname leitet sich vermutlich von *lentare*, lat. = biegen ab und weist damit wie der deutsche Name auf die Farbänderungen der Blütenblätter während des »Blühens« hin.

**Beschreibung:** Die buschige, bis etwa 30 cm hohe oder als Bäumchen bis etwa 1 m hohe Pflanze wächst aufrecht. An dem 4kantigen Stengel sitzen die länglich-herzförmigen, zugespitzten, am Rande gesägten Blätter, die unterseits oft grauweiß behaart sind. Die häufigen, an langen Stielen doldenähnlich angeordneten Blüten weisen eine 5spaltige, verwachsene, von Weiß oder Gelb nach Rot oder Lila ändernde Blumenkrone auf (Wandelröschen). Es gibt auch andersgefärbte Hybriden. Die beerenartigen Früchte mit einem großen Steinkern sind zunächst grün und werden bei der Reife blauschwarz.

**Blütezeit:** Juni bis September.

**Vorkommen und Verbreitung:** Die ursprünglich im tropischen Amerika heimische Pflanze ist auch in anderen tropischen, z. T. auch subtropischen Gebieten, insbesondere im tropischen Sekundärwald, verbreitet. In Mitteleuropa wird sie als Zierpflanze im Sommer auf dem Balkon oder auch im Freiland gehalten. Die kultivierten Arten der Gattung *Lantana*, die etwa 150 Arten umfassen, sind meistens Hybriden.

**Toxische Bestandteile:** Es handelt sich vor allem um Ester von Triterpensäuren, u. a. das Lantaden A.

**Vergiftungssymptome:** Die in der Pflanze enthaltenen Triterpenester wirken icterogen, d. h., sie verursachen eine Schädigung der Leber, indem sie u. a. eine Störung des Gallenabflusses in den Gallenkapillaren bewirken und die Aktivität zahlreicher Enzyme in Leber und Blut verändern. Die vorherrschenden Symptome einer Lantana-Vergiftung sind daher Gelbsucht und Photodermatosen (durch Lichtstrahlen hervorgerufene Hautentzündungen). Vergiftungen werden vor allem beim Weidevieh in den Verbreitungsgebieten der Pflanze, aber auch bei Kindern durch Verzehr der unreifen Früchte beobachtet. In Mitteleuropa sind Lantana-Vergiftungen allerdings außerordentlich selten.

**Therapiemaßnahmen:** Unmittelbar nach der Einnahme sollte die Giftentfernung durch Auslösen von Erbrechen, Gaben von Aktivkohle bzw. eine Magenspülung durchgeführt werden. Die weitere Behandlung durch den Arzt – wenn erforderlich in der Klinik – erfolgt u. a. mit Nebenrindenhormonpräparaten. Ein spezifisches Gegengift (Antidot) existiert nicht.

**Geschichtliches:** In den Heimatländern, in Brasilien, aber auch in afrikanischen Gebieten diente das Wandelröschen als Aromatikum und als Mittel gegen Husten.

# GEMEINER LIGUSTER, Rainweide, Tintenbaum

**Familie:** Ölbaumgewächse (Oleaceae)

**Name:** Der Pflanzenname ist lateinischen Ursprungs. Er kann von *ligare*, lat. = binden, flechten abgeleitet werden.

**Beschreibung:** Der etwa 1-5 m hohe Strauch verzweigt sich in der Regel stark. Die oberseits dunkelgrünen, unterseits hellgrünen Blätter sind gegenständig angeordnet, kurzgestielt, ganzrandig, kahl, variieren leicht, haben jedoch meist eine länglich-lanzettliche Form. Der Laubfall setzt spät ein, in der Regel nach den ersten Frösten, nach milden Wintern erst während der Entwicklung der neuen Laubblätter im Frühjahr. Die stark duftenden Blüten stehen in bis zu etwa 8 cm langen Rispen. Die 4zählige, radiäre Einzelblüte mit flach ausgebreiteten Kronzipfeln ist weiß und an der Spitze grünlich. Die auffallenden, glänzendschwarzen, 5-10 mm langen, kugeligen Beerenfrüchte bilden dichte, rispige Fruchtstände. Sie enthalten 2 violette Samen und verbleiben den Winter über oft am Strauch.

**Blütezeit:** Juni bis Juli.

**Vorkommen und Verbreitung:** In Süd-, West- und Mitteleuropa, Nordafrika und dem westlichen Asien heimisch. Der heckenbildende Strauch wird häufig als Zierpflanze angebaut und ist wärme- sowie kalkliebend.

**Toxische Bestandteile:** Die Giftstoffe sind nicht eindeutig bekannt. Möglicherweise kommen sogenannte Lignanglycoside, Saponine, evtl. auch Bitterstoffe, u.a. Ligustron, das auch als Syringopicrin bezeichnet wird, aus der Reihe der sogenannten Seco-Iridoide in Frage.

**Vergiftungssymptome:** Vergiftungen treten insbesondere nach dem Genuß der Beerenfrüchte durch Kinder auf. Sie äußern sich in Erkrankungen des Magen-Darm-Traktes mit Erbrechen und Durchfall. Auch Todesfälle, die angeblich durch Genuß der Ligusterbeeren eingetreten sind, wurden bekannt, wobei die Todesursache nicht immer ganz eindeutig war. Bei diesen Fällen, die sehr lange Zeit zurückliegen, wird von heftigem Erbrechen, starken Diarrhöen mit Krämpfen und Kreislauflähmung berichtet. Liguster gehört auch zu den Pflanzen mit stark hautreizender Wirkung. So kann beim Umgang mit der Pflanze, z.B. beim Schneiden von Hecken, das Ligusterekzem auftreten. Vermutlich handelt es sich dabei um die gleichen Wirkstoffe, die die Giftwirkung bei innerlicher Anwendung hervorrufen.

**Therapiemaßnahmen:** Auslösen von Erbrechen, das aber wegen der zu erwartenden schweren Darmreizung nur erfolgen sollte, wenn es unmittelbar nach der Einnahme des Giftes möglich ist, sonst Gaben von Aktivkohle. Bei Aufnahme größerer Mengen der Pflanze sind Magenspülung durch den Arzt bzw. in der Klinik erforderlich. Auch eine weitere symptomatische Behandlung muß durch den Arzt erfolgen.

**Geschichtliches:** Ligusterblätter (Folia Ligustri) dienten früher als wäßrige Aufgüsse zur Spülung bei Mund- und Racheninfektionen, besonders in einigen nordafrikanischen Ländern. Die Früchte (Fructus Ligustri) benutzte man zur Weinfärbung.

# TAUMELLOLCH, Tollgerste

**Familie:** Süßgräser (Poaceae)

**Name:** Der lateinische Name für ein Unkraut im Altertum wurde im 16. Jahrhundert auf *Lolium temulentum* (*temulentum* = berauschend) übertragen. Die deutschen Namen bringen die Wirkungen der Samen der Pflanze zum Ausdruck.

**Beschreibung:** Einjährige, etwa 30-80 cm hohe Pflanze mit steif aufrechten, selten geknickten, scharfen, rauhen Halmen. Die bis etwa 20 cm lange, lockere Ähre besitzt eine starre, wellige Spindel. Die zweizeilig sitzenden, 5- bis 9blütigen Ährchen sind begrannt und mit der Schmalseite der rauhen Achse zugekehrt. Die seitlichen Ährchen weisen eine 7- oder 9nervige Hüllspelze auf von etwa gleicher Länge wie das Ährchen. Das Gipfelährchen besitzt 2 Hüllspelzen. Die nervige Deckspelze hat eine lange Granne, die Vorspelze ist unbegrannt. Die längliche Frucht wird von den Spelzen eingeschlossen. Im Samenkorn befindet sich fast ausnahmslos zwischen Schale und Kleberschicht ein dichtes Myzel des Pilzes *Endoconidium temulentum*. Der Pilz gelangt bereits bei der Keimung an den Vegetationspunkt und durchwächst mit ihm die ganze Pflanze bis zum Fruchtknoten.

**Blütezeit:** Juni bis August.

**Vorkommen und Verbreitung:** Die im Mittelmeergebiet heimische Pflanze kommt auch in Mitteleuropa und Westasien als Ackerunkraut vor, ist allerdings durch die verbesserte Saatgutreinigung sehr selten geworden.

**Toxische Bestandteile:** Eine alkaloidartige toxische Substanz, das Temulin, kommt besonders reichlich in den reifen Früchten (0,05%) vor. Möglicherweise stellt sie ein Stoffwechselprodukt des o.g. Pilzes dar.

**Vergiftungssymptome:** Aus früheren Zeiten und noch zu Beginn unseres Jahrhunderts sind Massenvergiftungen durch Verunreinigung des Getreides oder des Leins mit den Früchten des Taumellolchs bekanntgeworden. Die Vergiftungsmerkmale machen sich vor allem durch zentrale Störungen, die tagelang anhalten können, nämlich Schwindel und taumelnden Gang (Name!), Verwirrungszustände, aber auch durch Beschwerden des Magen-Darm-Traktes mit Erbrechen und Koliken, bemerkbar. In Ausnahmefällen sind tödliche Atemlähmungen bekanntgeworden.

**Therapiemaßnahmen:** Erbrechen auslösen, Gaben von Aktivkohle als Erste-Hilfe-Maßnahmen sowie kreislaufunterstützende Maßnahmen durch den Arzt.

**Geschichtliches:** Die taumelerregende Wirkung der Pflanze ist seit langem bekannt, wofür auch weitere Bezeichnungen, z.B. Taumelhafer, Schwindelhafer und Tollkraut, sprechen. In unverantwortlicher Weise hat man früher zuweilen die Früchte der Gerste zugesetzt, um das daraus bereitete Bier berauschender zu machen.

# ECHTES GEISSBLATT, Jelängerjelieber

**Familie:** Geißblattgewächse (Caprifoliaceae)

**Name:** Der Gattungsname wurde nach dem deutschen Arzt und Botaniker A. Lonitzer (1528-1586) gewählt. Geißblatt, weil die Pflanze wie eine Geiß klettern kann.

**Beschreibung:** Rechtswindender, bis etwa 4 m hoher Kletterstrauch mit hellbrauner, sich in langen Streifen von den Stämmchen lösender Borke sowie stark verzweigter, holziger Wurzel und unterirdischen Ausläufern. Die gegenständigen Blätter sind kurzgestielt, eiförmig-elliptisch stumpf und ganzrandig. Die obersten Blätter der blühenden Zweige verwachsen paarweise um den Stengel zu einem ovalen bis kreisrunden Gebilde. Die 2lippigen, großen Blüten mit anfänglich weißer, rötlich überlaufener, später gelblicher Blumenkrone stehen zu 6 in endständigen, kopfigen Quirlen und zeichnen sich besonders in den Abendstunden durch kräftigen, wohlriechenden Geruch aus. Die rotorangefarbenen oder dunkelroten, erbsengroßen Beeren sitzen bis zu 6 auf den Blattpaaren. Sie enthalten mehrere etwas zusammengedrückte, etwa 4 mm lange, gelbbraune Samen.

**Blütezeit:** Mai bis Juni.

**Vorkommen und Verbreitung:** Heimisch in Südosteuropa bis zum Kaukasus, im übrigen Europa eingebürgert. Wärmeliebender, meist auf Kalkboden anzutreffender Strauch in Hekken und Gebüschen sowie an Waldrändern; in Gärten zum Beranken von Lauben und Spalieren angepflanzt.

**Toxische Bestandteile:** Alle Pflanzenteile, besonders aber die Früchte, sind leicht giftig. Der eigentliche Giftstoff ist allerdings in seiner chemischen Struktur bis heute nicht bekannt.
Von den verschiedenen glycosidischen Verbindungen, die in der Pflanze vorkommen, könnten möglicherweise die Saponine für die toxischen Eigenschaften verantwortlich sein.

**Vergiftungssymptome:** Vergiftungen treten besonders bei Kindern durch Verzehr der schönen roten Früchte auf. Sie äußern sich durch Erkrankungen des Magen-Darm-Traktes, u.a. Erbrechen und Durchfall. Außerdem wurden auch Frequenzbeschleunigung des Herzens (Tachycardie), Apathie und Gesichtsrötung festgestellt.

**Therapiemaßnahmen:** Gaben von Aktivkohle. Falls erforderlich, Magenspülung. Letztere wie die weitere Behandlung müssen symptomatisch durch den Arzt erfolgen.

**Geschichtliches:** In der Volksheilkunde dienten die Blüten früher als harntreibendes und schweißtreibendes Mittel. Die getrockneten Stengelteile fanden zuweilen auch als sogenannte Blutreinigungsmittel Anwendung.
Ein Einsatz der Blütendroge zur Behandlung von bösartigen Tumoren entbehrt jeglicher wissenschafllichen Grundlage. Die frische Pflanze dient zur Bereitung von Essenzen in der Homöopathie.

# ROTE / TATARISCHE HECKENKIRSCHE

**Familie:** Geißblattgewächse (Caprifoliaceae)

**Name:** Gattungsname s. *Lonicera caprifolium*. Während die Tatarische Heckenkirsche auf ihre ursprüngliche Herkunft, nämlich Innerasien, hinweist, wird die Rote Heckenkirsche wegen ihrer roten Früchte so genannt.

**Beschreibung:** Die Rote Heckenkirsche bildet etwa 1-2 m hohe, reich verzweigte Sträucher mit sommergrünen, elliptischen, weich behaarten, ganzrandigen, gegenständigen Blättern an einem kurzen, behaarten Stiel. Die etwa 1-1,5 cm langen, gelblichweißen, z. T. auch rötlich überlaufenen Blüten sind 2lippig und stehen zu zweit auf einem gemeinsamen Stiel in den Blattachseln. Bei den paarweise angeordneten Früchten handelt es sich um mehrsamige, scharlachrote Beeren, die nur ausnahmsweise gelb oder weiß sein können.
Die etwa 1-3 m hohe Tatarische Heckenkirsche wächst ebenfalls strauchig. Die länglich-herzförmigen Blätter haben aber einen kahlen Stiel. Die rote bis weiße Blumenkrone ist 2lippig. Die scharlachroten, mitunter auch gelben Beeren sitzen ebenfalls paarweise und aufrecht stehend.

**Blütezeit:** Mai bis Juni.

**Vorkommen und Verbreitung:** Die Rote Heckenkirsche ist in Europa und Westasien als Strauch verbreitet, die Tatarische Heckenkirsche wird häufig als Zierstrauch angepflanzt.

**Toxische Bestandteile:** Als toxisch gelten besonders die Beeren, obwohl die Giftstoffe in ihrer chemischen Struktur noch nicht eindeutig bekannt sind. Vermutlich handelt es sich um glycosidische Verbindungen. Vergiftungen kommen insbesondere bei Kindern durch Verzehr der verlockend aussehenden roten Beeren vor.

**Vergiftungssymptome:** Im Vordergrund stehen Erkrankungen des Magen-Darm-Traktes, die sich in heftigem Erbrechen, starken Leibschmerzen und blutigen Durchfällen äußern können. So wurde bereits nach dem Verzehr von 5 Beeren hohes Fieber mit den genannten Symptomen festgestellt. Ältere Quellen berichten auch von sehr schweren Fällen mit tödlichem Ausgang, wobei Krämpfe, Herzrhythmus- und Atemstörungen vorausgingen.
Da die Angaben über die Giftigkeit der beiden Pflanzen sehr widersprüchlich sind, können starke Schwankungen der Wirkungen nicht ausgeschlossen werden.

**Therapiemaßnahmen:** Als Erste-Hilfe-Maßnahme Gaben von Aktivkohle. Vorheriges Auslösen von Erbrechen sollte dagegen nur angestrebt werden, wenn dies unmittelbar nach Einnahme erfolgen kann, d. h., bevor durch die Giftstoffe Entzündungserscheinungen im Magen-Darm-Trakt ausgelöst werden. Zu empfehlen sind Gaben von schleimhaltigen Zubereitungen.

# GEMEINER BOCKSDORN

**Familie:** Nachtschattengewächse (Solanaceae)

**Name:** Der Gattungsname geht auf *lykion*, griech. = aus Lykien stammend zurück, auch *barbarum* bezieht sich auf die ausländische Herkunft (aus der Berberei in Nordwestafrika stammend). Die z. T. auch übliche Bezeichnung Teufelszwirn verweist auf die dünnen, verflochtenen Sprosse.

**Beschreibung:** Die etwa 2-3 m hohe, ausdauernde, strauchartige Pflanze besitzt dünne, rutenförmige, anfangs aufrechte, später bogig überhängende sowie oft dornige Äste und Zweige. Die graugrünen, kurzgestielten, lanzettlichen oder elliptisch-lanzettlichen Blätter verschmälern sich allmählich keilförmig in den Stiel. Die Blüten stehen einzeln oder bis zu 3 meist langgestielt in den Blattachseln, wobei die Länge des Blütenstieles bis zu 2 cm betragen kann. Die trichterförmige, 5zipflige Blumenkrone mit ausgebreitetem Saum ist lilafarben. Die Frucht stellt eine scharlachrote, selten gelbliche, länglich-eiförmige, vielsamige Beere dar, die von August bis Oktober zur Reife gelangt.

**Blütezeit:** Juni bis September.

**Vorkommen und Verbreitung:** In Asien heimisch, in Europa eingebürgert, z. T. als Zierstrauch angepflanzt, häufig verwildert an Zäunen und Mauern anzutreffen, undurchdringliche Hecken bildend.

Auch der dem Gemeinen Bocksdorn ähnliche, in China und Japan heimische Chinesische Bocksdorn (*Lycium chinense* Mill.), der jedoch meist dornenlose Zweige besitzt, wird in Europa als Zierstrauch gepflanzt und ist stellenweise verwildert anzutreffen.

**Toxische Bestandteile:** Der Gemeine und Chinesische Bocksdorn enthalten glycosidische, z. T. stickstoffhaltige Verbindungen und auch Terpenoide. Der eigentliche Giftstoff ist allerdings bisher nicht eindeutig bekannt. Als giftig gelten alle Teile der Pflanzen einschließlich der Beeren.

**Vergiftungssymptome:** Die Giftwirkung, z. B. der Beeren, ähnelt einer leichten Tollkirschenvergiftung, d. h., es tritt zunächst eine allgemeine Erregung auf, die sich von Heiterkeit bis zur Tobsucht steigert. Durstgefühl stellt sich ein. Es kommt zur Pupillenerweiterung, zu Sinnestäuschungen und schließlich nach Einnahme größerer Mengen zur Atemlähmung.

**Therapiemaßnahmen:** Als Erste-Hilfe-Maßnahmen sind sofortiges Auslösen von Erbrechen und nachfolgende Gaben von Aktivkohle sowie ein salinisches Abführmittel, z. B. Glaubersalz, angezeigt. Nach Einnahme großer Mengen, die u. a. Magenspülung mit gut gleitfähigem Schlauch (wegen der trockenen Schleimhäute) und die Anwendung von Beruhigungsmitteln erfordern, ist die Behandlung durch den Arzt bzw. in der Klinik notwendig.

**Geschichtliches:** Der Bocksdorn wurde früher in der Volksheilkunde auch als abführende und harntreibende Droge genutzt. Er findet heute nur noch in der Homöopathie in Form der aus dem frischen Kraut bereiteten Essenz Anwendung.

# POLEIMINZE

| | |
|---|---|
| **Familie:** | Lippenblütengewächse (Lamiaceae) |
| **Name:** | Der Gattungsname *Mentha* wurde nach der Nymphe Minthe gewählt und weist auf das Vorkommen der Pflanzen an wasserreichen Standorten hin. Der Artname *pulegium* leitet sich von *polios*, griech. = weißgrau ab. |
| **Beschreibung:** | Die ausdauernde, oberirdische Ausläufer treibende Pflanze wird etwa 10-30 cm hoch. Sie wächst teilweise aufrecht, z. T. auch niederliegend und hat einen 4kantigen Stengel. Die kleinen, kranzgegenständig angeordneten, elliptischen Blätter sind kurzgestielt. Die lilafarbenen Blüten mit röhrigem Kelch und ebensolcher Blumenkrone sitzen zu mehreren in blattachselständigen Scheinquirlen übereinander am Stengel. Die Früchte stellen eiförmige, braune Nüßchen dar. Das getrocknete Kraut riecht minzenartig und schmeckt würzig scharf. |
| **Blütezeit:** | Juli bis September. |
| **Vorkommen und Verbreitung:** | In Europa und Westasien an feuchten, nährstoffreichen, kalkarmen Stellen besonders der großen Stromtäler anzutreffen. |
| **Toxische Bestandteile:** | Etwa 1-2% ätherisches Öl mit Pulegon, einem Monoterpenketon, als Hauptbestandteil (etwa 80%). Dieses ist auch für die Toxizität der Pflanze verantwortlich. |
| **Vergiftungssymptome:** | Die Vergiftung kann sich durch Würgen, Erbrechen, Blutdrucksteigerung sowie zentrale, narkoseartige Lähmungen äußern. Bei chronischen Vergiftungen wurden Stoffwechselstörungen, insbesondere auch Leberverfettung, beobachtet. In hohen Dosen kann das ätherische Öl den Tod durch zentrale Atemlähmung herbeiführen. |
| **Therapiemaßnahmen:** | Als Erste-Hilfe-Maßnahmen sollten Erbrechen ausgelöst und anschließend Aktivkohle gegeben oder Magenspülung mit Aktivkohle durch den Arzt vorgenommen werden. Danach kann man Glaubersalzlösung als Abführmittel verabreichen und läßt reichlich trinken. Weitere Maßnahmen erfolgen symptomatisch durch den Arzt. |
| **Geschichtliches:** | Die Droge wurde früher in der Volksheilkunde wie die Pfefferminze, aber auch als menstruationsförderndes Mittel verwendet. In manchen Gegenden nahm man die Pflanze zum Würzen von Speisen. Mißbräuchlich diente die Droge bzw. das daraus gewonnene ätherische Öl vor allem in Nordamerika als Abtreibungsmittel, wodurch es meist zu schweren, z. T. tödlich verlaufenden Vergiftungen kam. Die aus der frischen, blühenden Pflanze bereitete Essenz kommt gelegentlich noch in der Homöopathie zur Anwendung.<br>Bereits Plinius berichtete, daß die Pflanze auch Flöhe vertreiben kann. Der in einigen Gebieten noch übliche Name Flohkraut weist auf diese Verwendung hin, wobei die Droge in die Betten gesteckt wurde. |

# WALDBINGELKRAUT

**Familie:** Wolfsmilchgewächse (Euphorhiaceae)

**Name:** Benennung des Gattungsnamens *Mercurialis* nach dem griechischen Gott Merkur, dem nach Plinius die Entdeckung der Heilkraft der Pflanze zugeschrieben wurde.

**Beschreibung:** Die zweihäusige, unverzweigte, mehrjährige Pflanze mit einem runden Stengel wird etwa 15-30 cm hoch. Sie besitzt einen stellenweise knotig verdickten, weißlich-rötlichen Wurzelstock. Die gestielten, lanzettlichen und stumpf gesägten Blätter befinden sich nur im oberen Teil der Pflanze. Der untere Teil des Stengels ist lediglich mit Schuppenblättern besetzt. Die männlichen Blüten stehen in Scheinähren, die weiblichen zu 1-2 langgestielt in den Blattachseln. Die etwa 4-5 mm lange Kapselfrucht enthält fast kuglige, runzlige, etwa 3 mm lange Samen.

Im Gegensatz zum Waldbingelkraut besitzt das Einjährige Bingelkraut (*M. annua* L.) einen verzweigten, in der ganzen Länge beblätterten Stengel.

**Blütezeit:** April bis Mai.

**Vorkommen und Verbreitung:** Die kalk- und schattenliebende Pflanze bevorzugt krautreiche Laubwälder und Gebüsche; sie ist in ganz Europa weit verbreitet.

**Toxische Bestandteile:** Vermutlich handelt es sich um glycosidische Verbindungen, deren chemische Struktur bisher nicht bekannt ist.

**Vergiftungssymptome:** Ernsthafte Vergiftungen beim Menschen sind bisher nicht beschrieben worden. Sie spielen vornehmlich beim Vieh eine Rolle, wenn dieses größere Mengen der Pflanze aufnimmt. Die erst nach einigen Tagen auftretenden Symptome äußern sich u.a. in Freßunlust, unterdrücktem Wiederkäuen, sinkender Körpertemperatur, schließlich in Schwäche und Tod. Die Untersuchungsbefunde ergaben insbesondere Leber- und Nierendegeneration sowie blutende (hämorrhagische) Schwellung der Darmschleimhaut. Vor der Verwendung für die menschliche Ernährung ist zu warnen.

**Therapiemaßnahmen:** Bei Vergiftungen von Menschen als Erste-Hilfe-Maßnahmen Auslösen von Erbrechen und Gaben von Aktivkohle. Nach Aufnahme größerer Mengen muß die Behandlung symptomatisch durch den Arzt erfolgen.

Vergiftungen beim Vieh können durch rechtzeitige Gaben von Aktivkohle abgeschwächt werden. Anderenfalls Konsultation des Tierarztes.

**Geschichtliches:** Das früher in der Volksheilkunde als abführende und harntreibende Droge verwendete frische Kraut (es wurde sowohl das Waldbingelkraut als auch das Einjährige Bingelkraut herangezogen) findet heute wegen der Vergiftungsgefahr keine Verwendung mehr. Nur in der Homöopathie kommt eine aus dem frischen, blühenden Kraut bereitete Essenz vor allem bei rheumatischen Beschwerden zur Anwendung.

# GELBE NARZISSE · WEISSE NARZISSE

**Familie:** Amaryllisgewächse (Amaryllidaceae)

**Name:** Die Herkunft des Gattungsnamens wird verschieden gedeutet. So soll sie zum einen von *markaein*, griech. = gelähmt werden, betäuben stammen, wegen des betäubenden Geruchs, zum anderen nach Narcissus, einem schönen Jüngling, gewählt worden sein, der sich in sein im Wasser erblicktes Bild verliebte, dahinschmachtete und der Sage nach in eine Blume verwandelte. *Pseudo-narcissus* heißt unechte Narzisse.

**Beschreibung:** Die Gelbe Narzisse, auch als Osterglocke bezeichnet, wird etwa 15-40 cm hoch. Die von einer braunen Zwiebel ausgehenden grundständigen Blätter sind linear, flachrinnig, stumpf und werden etwa so hoch wie der meist einblütige Stengel. Die zwittrige Blüte befindet sich in einer häutigen Blütenscheide. Die blaßgelben Perigonblätter sind am Grunde zu einer Röhre verwachsen und weisen 6 eiförmige Abschnitte auf. Die glockenförmige, etwa ebenso lange, dottergelbe Nebenkrone ist am Rande unregelmäßig gelappt und wellig. Bei der Frucht handelt es sich um eine 3fächrige, aufspringende Kapsel.

Die Weiße Narzisse wird 30-50 cm hoch und besitzt gegenüber der Gelben Narzisse schmalere, etwa 5-9 mm breite Laubblätter. Die Perigonblätter sind weiß und am Grunde nur wenig verschmälert. Das gelbe Nebenperigon ist schüsselförmig mit rotem Rand und kürzer als die freien Perigonzipfel.

**Blütezeit:** März bis April (Gelbe Narzisse), April bis Mai (Weiße Narzisse).

**Vorkommen und Verbreitung:** Auf Bergwiesen besonders im südlichen und westlichen Europa anzutreffen, häufig als Zierpflanzen in Gärten kultiviert.

**Toxische Bestandteile:** Die Pflanzen, insbesondere die Zwiebeln, enthalten Alkaloide, u.a. Galanthamin und Lycorin. Ursache von Vergiftungen, die nur aus der älteren Literatur bekannt sind, war in der Regel die Verwechslung mit Küchenzwiebeln.

**Vergiftungssymptome:** Als Symptome der Vergiftung treten Übelkeit, Erbrechen, Durchfall und Schweißausbruch auf. Bei Verzehr größerer Mengen sind Kollaps- und Lähmungserscheinungen mit tödlichem Ausgang möglich. Es wird z.B. vom Tod eines vierjährigen Kindes berichtet, das den Saft Weißer Narzissen ausgesaugt haben soll. Bekannt ist außerdem die sogenannte Narzissenkrankheit (Narzissendermatites), eine Hauterkrankung bei Gärtnern, die an Stellen auftritt, wo der Saft der Pflanze auf die Haut tropfte. Diese Entzündungen, die keine Allergie darstellen, sondern durch die Inhaltsstoffe ausgelöst werden, heilen aber nach dem Umgang mit den Narzissenzwiebeln wieder ab, ohne daß eine Behandlung nötig ist.

**Therapiemaßnahmen:** Nach der primären Giftentfernung durch Auslösen von Erbrechen und nachfolgende Gabe von Aktivkohle erfolgt die weitere Behandlung symptomatisch durch den Arzt.

# OLEANDER, Rosenlorbeer

**Familie:** Hundsgiftgewächse (Apocynaceae)

**Name:** Der von *nerion*, griech. = naß abgeleitete Gattungsname weist auf das Vorkommen der Pflanze im Heimatgebiet an Wasserläufen hin; *oleander* = Ölbaumrose. Rosenlorbeer wegen der mit Rosen vergleichbaren Blüten der Büsche, deren Blätter lorbeerähnlich sind.

**Beschreibung:** Strauch, mitunter kleiner Baum mit immergrünen, meist zu 3 quirlständig, seltener zu 2 gegenständig oder zu 4 angeordneten lanzettlichen, ledrigen Blättern. Die trugdoldigen Blütenstände befinden sich an den Zweigenden. Die ansehnlichen Blüten besitzen 5 meist rosafarbene, selten weiße Kronblätter, die bei Gartenformen auch gefüllt sein können. Früchte werden in unserem Gebiet nicht gebildet.

**Blütezeit:** Juli bis September.

**Vorkommen und Verbreitung:** An Wasserläufen im Mittel- und Schwarzmeergebiet heimisch, als Zimmer- oder Kalthauspflanze auch in Mitteleuropa kultiviert.

**Toxische Bestandteile:** Gemisch von herzwirksamen Glycosiden, die strukturell denen des Frühlingsadonisröschens ähneln. Wegen der dem Fingerhut (*Digitalis*) ähnlichen Wirkung dienten standardisierte Zubereitungen der Droge auch bei Herzinsuffizienz. Es wurden Vergiftungen durch Überdosierung oder bei mißbräuchlicher Anwendung als Abtreibungs- bzw. Selbstmordmittel beschrieben.

**Vergiftungssymptome:** Bei oraler Aufnahme tritt im Mund- und Rachenraum eine gewisse Gefühllosigkeit ein. Dieser folgen bald Übelkeit, Kopfschmerzen und Brechdurchfälle, die u. U. stundenlang anhalten können. Es kommt zu Herzrhythmusstörungen mit verlangsamtem Puls, auch Pupillenerweiterung und Atemnot. Bereits wenige Stunden nach Aufnahme kann der Tod durch Herzstillstand eintreten. Als Besonderheit des Vergiftungsablaufs sind auch wechselweise Krämpfe und tiefe Betäubung beobachtet worden. Es sollen sogar Vergiftungen bei Benutzung des Holzes als Fleischspieß vorgekommen sein. Ähnlich wie bei anderen Drogen mit herzwirksamen Glycosiden (s. *Digitalis, Convallaria* S. 80, 82, 66) schreckt allerdings der bittere Geschmack meist vor Anwendung größerer Mengen ab. Da höhere Dosen der Drogenzubereitung in der Regel zu spontan einsetzendem Erbrechen führen, sind trotz der hohen Gefährlichkeit der Pflanze schwere Vergiftungen sehr selten.

**Therapiemaßnahmen:** Als Erste-Hilfe-Maßnahme entfernt man möglichst schnell das Gift durch Auslösen von Erbrechen, falls dieses nicht spontan eingetreten ist, sowie durch Gaben von Aktivkohle. Weitere Maßnahmen müssen symptomatisch durch den Arzt erfolgen.

**Geschichtliches:** Als Giftpflanze für den Menschen und für Tiere ist der Oleander seit Jahrtausenden bekannt. Er findet in dieser Hinsicht bereits in der Antike bei Theophrast, Plinius und Galen Erwähnung. Neben der o.g. mißbräuchlichen Anwendung diente die Droge früher in der Volksheilkunde in Form von Abkochungen auch gegen Hautparasiten sowie als Rattengift.

# GIFTBEERE

**Familie:** Nachtschattengewächse (Solanaceae)

**Name:** Der Gattungsname *Nicandra* wurde nach dem griechischen Arzt Nikandros (2. Jh. v. Chr.) gewählt. Der Artname *physaloides* bringt zum Ausdruck, daß die Pflanze der Blasenkirsche (*physa* = Blase) ähnlich ist. Giftbeere wegen der Giftigkeit der Früchte.

**Beschreibung:** Die einjährige, bis etwa 1 m hohe Pflanze bildet einen aufrechten, reich verzweigten, etwas kantigen Stengel. Die länglichen, buchtig-gezähnten, kahlen Blätter sind in den Stiel verschmälert. Die gestielten, zwittrigen Blüten stehen einzeln, überhängend, meist außerhalb der Blattwinkel oder achselständig. Sie haben einen 5zähligen, 5kantigen, aufgeblasenen Kelch und eine glockenförmige, schwach 5lappige, hellblaue, am Grunde weiße Blumenkrone. Die Blüten öffnen sich nur in der Mittagssonne. Die Staubgefäße sind halbkreisartig gekrümmt, wodurch spontan Selbstbestäubung erfolgt. Die Frucht ist eine saftlose, vom blasenförmigen Kelch umschlossene, braune, vielsamige Beere.

**Blütezeit:** Juli bis Oktober.

**Vorkommen und Verbreitung:** Die aus dem westlichen Südamerika (Peru) stammende Pflanze verwilderte in Europa häufig, u.a. an Ruderalstellen, auf Schutt, Kompost und Gemüseland. Ähnlich dem Stechapfel wurde sie in die warmen Gegenden der Erde eingeschleppt. Sie wird auch als Zierpflanze in Gärten gezogen und ist die einzige Art ihrer Gattung.

**Toxische Bestandteile:** Alkaloide vom Pyrrolidin- und Secotropantyp besonders in den Wurzeln, jedoch auch in den Beeren. In den oberirdischen Teilen der Pflanze konnten außerdem Steroidlactone (Withanolide) nachgewiesen werden.

Etwa gleiche Inhaltsstoffe weist die ebenfalls zu den Nachtschattengewächsen gehörende Judenkirsche (*Physalis alkekengi* L.), auch als Lampionblume bezeichnet, auf. Ernste Vergiftungen durch die Pflanze sind allerdings nicht vorgekommen, obwohl diese wiederholt Anlaß zu toxikologischen Beratungen gegeben hat.

**Vergiftungssymptome:** Nach Verzehr von Beeren, aber auch von Wurzeln treten Vergiftungserscheinungen auf, die denen der Tollkirsche ähneln (s. S. 36), obwohl sie im allgemeinen in schwächerer Form auftreten.

**Therapiemaßnahmen:** Als Erste-Hilfe-Maßnahmen sind Auslösen von Erbrechen sowie Gaben von Aktivkohle und Natriumsulfatlösung als Abführmittel angezeigt. Die Weiterbehandlung muß unter ärztlicher Kontrolle bzw. in der Klinik symptomatisch erfolgen, wobei u.a. eine möglichst frühzeitige Magenspülung mit gut gleitfähigem Schlauch durchgeführt werden sollte.

**Geschichtliches:** Im Heimatland Peru benutzte man die Beeren früher als harntreibendes Mittel bei Blasen- und Nierenleiden, besonders gegen Harngries, eine Anwendung, vor der wegen der Vergiftungsgefahr zu warnen ist.

# VIRGINISCHER TABAK · BAUERNTABAK

**Familie:** Nachtschattengewächse (Solanaceae)

**Name:** Der Gattungsname für Tabak wurde nach dem französischen Diplomaten Jean Nicot (1530-1600) gewählt, *rusticus* lat. Bauer.

**Beschreibung:** Der Virginische Tabak ist eine in der Regel 1-3 m hohe, einjährige Pflanze mit einfachem, wenig verästeltem, krautigem, rundem und drüsig behaartem Stengel. Die Blätter sind länglich-elliptisch, in den Blattstiel verschmälert. Die rispig angeordneten, klebrig behaarten, zwittrigen Blüten weisen eine weit aus dem Kelch herausragende, trompetenförmige, rote, selten rosafarbene oder weiße Blumenkrone mit 5 spitzen, dreieckig abstehenden Zipfeln auf. Die länglich-eiförmigen, vom Kelch umhüllten, 2klappigen Kapselfrüchte enthalten zahlreiche Samen.

Der Bauerntabak verzweigt sich stärker und erreicht nur eine Höhe von 60-120 cm Von den eiförmig-stumpfen Blättern sind die unteren gestielt. Die grünlichgelbe Blumenkrone besitzt lediglich eine kurze Röhre.

**Blütezeit:** Juni bis September.

**Vorkommen und Verbreitung:** Die aus Südamerika stammenden Pflanzen werden heute auch in Europa, Asien und Afrika kultiviert. Beide o.g. Arten kommen nicht als Wildpflanzen vor, sondern sind Kreuzungen, die wiederum eine Vielzahl von Sorten aufweisen.

**Toxische Bestandteile:** Alkaloide, insbesondere Nicotin. Die Menge an Nicotin schwankt von etwa 0,5-9%, bezogen auf das Trockengewicht. Es wurden mitunter jedoch noch höhere Gehalte beobachtet.

**Vergiftungssymptome:** Nicotin ist ein starkes Gift. Die tödliche Dosis liegt beim Menschen bei 40-100 mg. Die Aufnahme in den Organismus erfolgt meist durch Rauchen in Form eines Aerosols. Reaktionen auf Nicotineinwirkung sind fahle Haut, Zittern, Kopfschmerzen, Benommenheit, Erbrechen und Übelkeit. Bei schwerer Vergiftung folgen kolikartige Krämpfe, Durchfall, Atembeschwerden, Steigerung der Herzfrequenz und gegebenenfalls der Tod durch Atemlähmung.

Akute Nicotinvergiftungen kommen zuweilen bei Kindern vor, die von herumliegenden Zigaretten oder Zigarren probieren oder mit Tabakpfeifen Seifenblasen erzeugen. Die tödliche Dosis ist bereits in einer halben Zigarre enthalten. (1 Zigarre enthält etwa 90 mg, 1 Zigarette 15-25 mg Nicotin.) Stark gefährdet sind die neugeborenen Kinder rauchender Mütter. Vergiftungsgefahr besteht auch durch nicotinhaltige Pflanzenschutzmittel infolge Inhalation oder Hautkontakt.

**Therapiemaßnahmen:** Als Erste-Hilfe-Maßnahme bei oraler Aufnahme dient Aktivkohle (5-6 Teelöffel mit Wasser). Weitere Maßnahmen, u.a. Magenspülung, müssen symptomatisch durch den Arzt erfolgen. Bei Einwirkung auf die Haut ist das Nicotin sofort mit Seife und viel Wasser abzuwaschen.

# SCHLAFMOHN

**Familie:** Mohngewächse (Papaveraceae)

**Name:** Die deutsche Bezeichnung bezieht sich wie der Artname (*somniferum*, lat. = Schlaf machend) auf die Wirkungsweise der Droge.

**Beschreibung:** Die einjährige, etwa 0,5-1,5 m hohe Pflanze besitzt einen aufrechten, runden, verästelten, bläulich bereiften Stengel mit länglich-eiförmigen, gezähnten Blättern. Die Blüten stehen einzeln am Ende von runden, borstig behaarten Stengeln. Beim Aufblühen fällt der 2blättrige Kelch ab. Die 4 etwa 6 cm großen, violettweißen Kronblätter tragen am Grunde einen dunklen Fleck. Aus dem Fruchtknoten entwickelt sich eine kuglige bis eiförmige Kapsel mit 5-12 Narbenstrahlen und zahlreichen kleinen Samen. Außer den Samen enthalten alle Pflanzenteile weißen Milchsaft in gegliederten Milchsaftröhren.

**Blütezeit:** Juni bis August.

**Vorkommen und Verbreitung:** In Vorder- und Südostasien zur Opiumgewinnung kultiviert, außerdem weltweit in verschiedenen Sorten zur Ölgewinnung, u.a. auch in Mitteleuropa, angebaut.

**Toxische Bestandteile:** Im Milchsaft der Pflanze ist eine Vielzahl von Alkaloiden enthalten, u.a. Morphin, Codein und Papaverin Sie reichern sich in der Droge Opium, dem eingetrockneten und aufgearbeiteten Milchsaft der Pflanze, an.

**Vergiftungssymptome:** Das Opium stellt bei fachgerechter Anwendung ein wichtiges Arzneimittel dar. Bei unkontrollierter Verwendung wird es zu einem der gefährlichsten Rauschgifte. Alle Zubereitungen des Opiums unterliegen daher dem Suchtmittelgesetz. Neben Vergiftungen durch fehlerhafte medikamentöse Einnahme oder durch chronischen Mißbrauch (Morphinismus), die hier nicht behandelt werden sollen, treten aber auch solche durch Leichtsinn oder Unkenntnis über die Giftigkeit der Pflanze auf. Mohnzubereitungen wirken toxisch auf das Zentralnervensystem, vor allem das Atemzentrum. Es stellen sich neben Erbrechen und Schwindel narkoseähnliche Zustände mit Muskelerschlaffung, Pupillenverengung, verminderter Atmung und Blaufärbung noch durchbluteter Hautpartien ein. Der Tod erfolgt durch Atemlähmung. Die tödliche Dosis beträgt bei einem erwachsenen Menschen 2-3 g Opium bzw. 0,2 g Morphin.

**Therapiemaßnahmen:** Magenspülung durch den Arzt, die jedoch kurz nach der Gifteinnahme erfolgen muß. Günstig ist eine reichliche Gabe von schwarzem Kaffee mit Zusatz von Glaubersalz und Aktivkohle. Oft müssen längere künstliche Beatmung sowie kreislaufunterstützende Maßnahmen und Blasenkatheterisierung durch den Arzt erfolgen.

**Geschichtliches:** Mohn gehört zu den ältesten Kulturpflanzen und wurde in Mitteleuropa bereits vor 2000 Jahren angebaut. Es ist aber unklar, ob man ihn zur Öl- oder Opiumgewinnung verwendete, zumal die Droge Opium, z.B. im assyrischen Weltreich, etwa im 7. Jh. v.Chr. bereits bekannt war. Im Jahre 1805 isolierte der Apotheker Friedrich Sertürner in Paderborn Morphin aus Opium und damit überhaupt das erste Alkaloid.

# EINBEERE

| | |
|---|---|
| **Familie:** | Einbeerengewächse (Trilliaceae) |
| **Name:** | Einbeere, da jede Pflanze stets nur eine Beere aufweist. Als lateinischen Gattungsnamen hat Linné den Namen des trojanischen Königsohns Paris gewählt; *quadrifolius*, lat. = vierblättrig. |
| **Beschreibung:** | Ausdauernde, eintriebige Pflanze, deren Sproßachse waagerecht im Boden wächst. Aus dieser entwickelt sich im Frühjahr ein aufrechter, etwa 30 cm hoher Stengel, an dem 4, seltener 3, 5, 6 oder 7 verkehrt-eiförmige, kurzgestielte Blätter quirlförmig angeordnet sind. Aus ihrer Mitte erhebt sich jeweils nur ein Blütenstiel. Er trägt eine endständige Blüte mit 2 Kreisen lineal-lanzettlicher Kronblätter, von denen die 4 äußeren hellgrün, die 4 inneren gelblichgrün sind. In der Mitte der Blüte befindet sich der blauschwarze Fruchtknoten, umgeben von jeweils 8 langgestielten, gelben Staubblättern. Ab Anfang August reifen die 4geteilten, mehrsamigen, etwa kirschgroßen, blauschwarzen Beeren, die eine runzlige Oberhaut besitzen. |
| **Blütezeit:** | Mai bis Juni. |
| **Vorkommen und Verbreitung:** | In fast ganz Europa in schattigen und feuchten kalkreichen Laub- und Mischwäldern sowie Erlenbrüchen, im Norden seltener als im Süden anzutreffen. Kommt in den Alpen bis 1870 m Höhe vor. In Ungarn und den immergrünen Regionen des Mittelmeergebietes ist die Art nicht anzutreffen, aber auch außer in Europa bis nach Kleinasien und Westsibirien sowie Nordchina vorkommend. |
| **Toxische Bestandteile:** | Steroidsaponine, etwa 1%. |
| **Vergiftungssymptome:** | Reizwirkung auf die Schleimhäute des Verdauungstraktes. Durch Resorption eines Teiles der Saponine treten als Vergiftungssymptome neben Übelkeit, Erbrechen und Durchfall, Schwindel, Kopfschmerzen und an den Augen Pupillenverengung auf. Bei Einnahme großer Mengen ist Atemlähmung denkbar. |
| **Therapiemaßnahmen:** | Im allgemeinen sind Erste-Hilfe-Maßnahmen nicht nötig. Kinder verlockt die glänzende Beere zum Verzehr, mitunter wird sie auch mit der Heidelbeere verwechselt. Bei Einnahme größerer Mengen müssen Magenspülung, Gaben von Aktivkohle und gegebenenfalls auch von Natriumsulfatlösung sowie von krampflösenden oder kreislaufstützenden Mitteln durch den Arzt erfolgen. Todesfälle durch den Genuß von Einbeeren sind beim Menschen in neuerer Zeit nicht bekanntgeworden. Unter den Tieren gilt besonders Geflügel als gefährdet. |
| **Geschichtliches:** | Das frisch zerquetschte Kraut diente früher zur Behandlung von Augenerkrankungen, Wunden und Infektionskrankheiten (Pestbeere). |

# FEUERBOHNE

| | |
|---|---|
| **Familie:** | Schmetterlingsblütengewächse (Fabaceae) |
| **Name:** | Der Gattungsname *Phaseolus*, griech. = Kahn bezieht sich auf die kahnförmigen Hülsenfrüchte. Der Artname *coccineus*, lat. = scharlachrot weist auf die rot gefärbten Blüten hin. |
| **Beschreibung:** | Die einjährige Pflanze klettert mit linkswindendem Stengel 2-3,5 m hoch. Die zusammengesetzten, langstieligen Blätter bestehen aus 3 eiförmigen, ganzrandigen, kurz zugespitzten Einzelblättchen. Die typischen Schmetterlingsblüten sind langgestielt, scharlachrot, nur selten weiß und meist zu 6-9 in langen Trauben angeordnet. Die zu mehreren herabhängenden, rauhen, gebogenen, zunächst grünen, später bräunlichen Früchte (Hülsen) enthalten 3-5 bohnenförmige, rötliche, schwarzbraun gesprenkelte Samen. |
| **Blütezeit:** | Juni bis September. |
| **Vorkommen und Verbreitung:** | Die im tropischen Amerika heimische Pflanze wird heute in ganz Europa als Zier- und teilweise auch als Gemüsepflanze kultiviert. |
| **Toxische Bestandteile:** | Die Samen sind reich an Eiweißen, die z. T. Lectineigenschaften besitzen. Sie werden unter dem Sammelbegriff Phasin zusammengefaßt. |
| **Vergiftungs-symptome:** | Die Samen führen zu schweren Verdauungsstörungen, die u. a. mit Fäulnisdyspepsie sowie der Resorption toxischer Nahrungsstoffe und bakterieller Produkte verbunden sind. Sie können beim Menschen Krämpfe und blutige Magen-Darm-Entzündungen sowie in schweren Fällen Kollaps auslösen. Obwohl die individuelle Empfindlichkeit unterschiedlich ist, muß beim Genuß von 3-10 rohen Samen mit toxischen Erscheinungen gerechnet werden. Die Vergiftungssymptome treten etwa 30-90 Minuten nach der Einnahme auf. Bei längerem Kochen geht durch teilweise Spaltung der toxischen Eiweiße die Giftigkeit verloren. Vergiftungen treten besonders bei Kindern, aber auch bei Erwachsenen nach Kauen der rohen Bohnen auf.<br>Ähnliche toxische Bestandteile enthält die Gartenbohne, die wegen ihrer eiweißreichen Samen kultiviert wird. Die Samen sind roh ebenfalls nicht genießbar.<br>Mitunter beobachtet man bei empfindlichen Personen, die in Konservenfabriken arbeiten, Ekzeme und Hautentzündungen, die auf den Kontakt mit den rohen Bohnen bei der Verarbeitung zurückgeführt werden. |
| **Therapie-maßnahmen:** | Die Behandlung der Vergiftung erfolgt symptomatisch insbesondere durch Ersatz des Flüssigkeits- und Elektrolytverlustes sowie Gaben von Aktivkohle unter ärztlicher Kontrolle. Bei Einnahme kleiner Mengen genügt Auslösen von Erbrechen. |
| **Geschichtliches:** | Die getrockneten Schalen dienten früher in der Volksheilkunde als harntreibender Tee und zur Unterstützung der Diabetesbehandlung. |

# AMERIKANISCHE LAVENDELHEIDE

**Familie:** Heidekrautgewächse (Ericaceae)

**Name:** Der Gattungsname *Pieris* leitet sich aus der griechischen Mythologie ab. Die Göttinnen der Kunst, der Musik und des Tanzes sollen am Berg Pieros (Pieriden), der am nördlichen Fuße des Olymps lag, zuerst verehrt worden sein; *floribunda*, lat. = die Reichblütige. Der deutsche Name rührt von der Ähnlichkeit des Blattwerks mit dem Lavendelstrauch her.

**Beschreibung:** Der aus Amerika stammende, bei uns angepflanzte, aufrecht wachsende, dicht verästelte und reich beblätterte Strauch wird etwa 1-2,5 m hoch. Die grünen Zweige tragen rostfarbige Haare. Die spiralig angeordneten Blätter sind elliptisch bis länglich-lanzettlich, am Rande kerbig gesägt, schwach bewimpert und etwa 3-8 cm lang. Die glänzendgrüne Blattoberseite ist mit dunkelbraunen Borsten besetzt, die man aber nur mit der Lupe erkennen kann. Die mattgrüne Blattunterseite weist noch mehr Borsten auf. An den schon im Herbst vorgebildeten Blütentrieben entwickeln sich in achsel- und endständigen Trauben stehende, nickende Blüten, die zu Rispen zusammentreten. Die mit 2 Deckblättchen versehene Einzelblüte besteht aus einer weißen, krugförmigen Krone, 5 freien Kelchblättern und 10 Staubgefäßen. Die Früchte sind 5fächrige, kegelförmige Kapseln mit sehr feinen Samen.

Vielfach angepflanzt wird auch die empfindlichere, nahe verwandte Japanische Lavendelheide (*Pieris japonica* (Thunb.) D. Don), die bereits im März blüht und deren Blüten dem Maiglöckchen (*Convallaria majalis* L.) ähneln. Erwähnt werden soll hier auch die verwandte Rosmarinheide oder Poleigränke (*Andromeda polifolia* L.), die mitunter ebenfalls als Lavendelheide bezeichnet wird und als nur bis 30 cm hoher Kleinstrauch in den Hochmooren Nord- und Mitteleuropas vorkommt. Sie ist für Schafe und Ziegen recht giftig.

**Blütezeit:** April bis Mai.

**Toxische Bestandteile:** Die Angaben über die giftigen Stoffe sind widerspruchsvoll. Bei dem angeblich enthaltenen Andromedotoxin handelt es sich vermutlich um den toxischen Diterpenester Acetylandromedol, der in zahlreichen Ericaceen vorkommt.

**Vergiftungssymptome:** Sie äußern sich in starker Speichelsekretion, Übelkeit, Erbrechen, Durchfall, Schmerzen und Krämpfen im Darmbereich. Auf der Haut und den Schleimhäuten kommt es zu Brennen und Juckreiz. Die Symptome können erst nach mehreren Stunden eintreten und u. U. mehrere Tage anhalten.

**Therapiemaßnahmen:** Bei Aufnahme größerer Mengen sind Magenspülung mit Aktivkohle sowie weitere symptomatische Maßnahmen durch den Arzt notwendig. Bei kleinen Mengen reicht es aus, nach dem Erbrechen Aktivkohle und schleimhaltige Zubereitungen, z. B. Haferschleim, zu geben.

# FUSSBLATT, Maiapfel

**Familie:** Sauerdorngewächse (Berberidaceae)

**Name:** Die Blätter erinnern in der Form an Füße, die Früchte an kleine Äpfel. Der Gattungsname leitet sich von *pous, podos*, griech. = Fuß, *phyllon* = Blatt ab.

**Beschreibung:** Die Staude besitzt einen horizontal wachsenden, weißen Wurzelstock. Im Frühjahr entwickelt sich aus diesem ein kahler, drehrunder, 30-40 cm hoher Stengel, der in einer nickend überhängenden, einzigen, napfförmigen, wohlriechenden, weißen Blüte endet. Sie sitzt im Winkel der beiden großen, in 5-7 Lappen zerschnittenen Blätter. Die reife Frucht, eine pflaumengroße Beere mit vielen eiförmigen Samen, soll im Gegensatz zu den anderen Pflanzenteilen nicht giftig sein und wird in Nordamerika in kleinen Mengen als May apple, Wilde Limone oder Mandarake (eine indianische Bezeichnung) gegessen.

Von anderen in Ostasien vorkommenden Fußblattarten ist bei uns häufig das Himalaja-Fußblatt (*Podophyllum hexandrum* Royle) anzutreffen, das sowohl auf dem chinesischen Festland als auch auf Taiwan gedeiht. Bei ihm entwickeln sich die weiß- bis hellrosafarbenen Blüten vor den Blättern; die Früchte sind gelbrot.

**Blütezeit:** Mai bis Juni.

**Vorkommen und Verbreitung:** Im Unterholz schattiger, humoser Laubwälder Nordamerikas wachsend. Selten in Europa angepflanzt.

**Toxische Bestandteile:** Podophyllin, ein Harzprodukt, das insbesondere Lignan-ß-glycoside enthält.

**Vergiftungssymptome:** Vergiftungen mit der Pflanze sind ausschließlich aus Amerika, dem natürlichen Verbreitungsgebiet der *Podophyllum*-Arten, bekannt. Sie wurden nach Verzehr unreifer Früchte oder bei Verwendung der jungen Pflanzen als Küchenkräuter beobachtet. Sie äußern sich in Übelkeit, Erbrechen, schweren Darmreizungen, Koliken und können u. U. tödlich verlaufen, wobei der Tod durch Atemlähmung erfolgt.

**Therapiemaßnahmen:** Als Erste-Hilfe-Maßnahmen sind Auslösen von Erbrechen und Gaben von Aktivkohle angezeigt, danach läßt man reichlich warmen Tee trinken. Weitere medizinische Maßnahmen müssen symptomatisch durch den Arzt bzw. in der Klinik erfolgen.

**Geschichtliches:** Die Pflanze war den nordamerikanischen Indianern von alters her als wirksames Heilmittel bekannt. Sie wurde auch schon vor über 300 Jahren nach Europa eingeführt, hat in Gärten Eingang gefunden und wird in Staudenkatalogen angeboten. Die physiologisch aktiven Lignanglycoside der Pflanze stellen heute wichtige Ausgangssubstanzen zur Partialsynthese von Arzneimitteln dar, die bei bestimmten krebsartigen Erkrankungen zum Einsatz kommen. Die frühere medizinische Anwendung von Extrakten als stark wirksames Abführmittel, Gallenmittel und zur Behandlung warzenartiger Wucherungen ist heute ungebräuchlich.

# VIELBLÜTIGE / WOHLRIECHENDE WEISWURZ

**Familie:** Liliengewächse (Liliaceae)

**Name:** *Polygonatus* (*polys*, griech. = viel; *gony* = Knie, Knoten) wegen der zahlreichen knotigen Anschwellungen der Grundachse; *multiflorus*, lat. = vielblütig *odoratus*, lat. = wohlriechend (die Blüten). Der Name Salomonssiegel geht auf die siegelartig aussehenden Stengelnarben am Rhizom zurück.

**Beschreibung:** Die Vielblütige Weißwurz ist eine etwa 30-60 cm hohe Staude mit stielrundem Stengel und weißlichem Rhizom. Die wechselständig angeordneten, sitzenden Blätter sind eiförmig bis elliptisch, oberseits dunkelgrün, unterseits graugrün. An der Unterseite des gebogenen Stengels hängen die gestielten Blüten mit glockiger Perigonröhre in Trauben zu jeweils 3-5. Die blauschwarzen, etwa erbsengroßen Beerenfrüchte enthalten kuglige, braune Samen und schmecken widerlich-süßlich.

Der Salomonssiegel ist ebenfalls eine etwa 20-50 cm hohe Staude mit überhängendem, kantigem Stengel. Die oval-lanzettlichen Blätter stehen 2zeilig wechselständig angeordnet. Die weißlichen, glockigen, wohlriechenden, gestielten Blüten hängen meist einzeln oder zu zweit herab. Die ebenfalls blauschwarzen Beerenfrüchte werden größer als die von *P. multiflorum* (bis 12 mm).

**Blütezeit:** Mai bis Juni.

**Vorkommen und Verbreitung:** Beide Pflanzen kommen in nahezu ganz Europa vor, wobei die Vielblütige Weißwurz schattige Laubwälder, die Wohlriechende Weißwurz dagegen lichte, trockene Wälder, Gebüsche und Rasen bevorzugt.

**Toxische Bestandteile:** Die Pflanze enthält in allen Organen glycosidische Verbindungen, insbesondere schlecht resorbierbare Saponine. Diese sind vermutlich für die toxischen Wirkungen verantwortlich. In den Früchten von *P. odoratum* liegt der Saponingehalt besonders hoch.

**Vergiftungs-symptome:** Vergiftungen treten vor allem bei Kindern nach dem Verzehr unreifer Früchte auf und äußern sich in heftigem Brechdurchfall, Kopfschmerzen, evtl. auch Schwindel und Atemnot.

**Therapie-maßnahmen:** In der Regel ist keine Behandlung erforderlich. Bei Aufnahme größerer Mengen erfolgt sie symptomatisch unter ärztlicher Kontrolle, u.a. Magenspülung, Gaben von Aktivkohle und Abführmitteln.

**Geschichtliches:** Das Rhizom des Salomonssiegels wurde früher in der Volksheilkunde als harntreibendes Mittel eingesetzt. Das Vorkommen von herzwirksamen Glycosiden, ähnlich dem Maiglöckchen, wie es in der älteren Literatur beschrieben wird, konnte man nicht bestätigen. Die angeblich blutzuckersenkende Wirkung der Droge wird in Ostasien genutzt.

# Polygonatum multiflorum (L.) ALL. / odoratum (MILL.) DRUCE

# BECHERPRIMEL, Giftprimel

**Familie:** Primelgewächse (Primulaceae)

**Name:** Der Gattungsname bringt die zeitige Blütezeit (eine der ersten Blüten im Jahr) zum Ausdruck; *obconicus*, lat. = verkehrtkegelförmig. Gift- und Becherprimel wegen der Giftigkeit und der becherförmigen Blütenkelche. Auf Grund der Farbe der Blüten wird die Pflanze auch als Fliederprimel bezeichnet.

**Beschreibung:** Die etwa 10-30 cm hohe, drüsig behaarte Pflanze hat in einer Grundrosette angeordnete, langgestielte, herzförmig-rundliche, am Rande gezähnte bis lappig gezähnte Blätter. Die zahlreichen Blüten stehen in Dolden. Ihre zu einer Röhre verwachsenen Kronblätter sind rot bis lila und werden von einem becherförmig erweiterten Kelch umgeben. Die Kapselfrüchte entlassen zahlreiche kleine Samen.

**Blütezeit:** Das gesamte Jahr über.

**Vorkommen und Verbreitung:** Die in Zentralasien heimische Pflanze wird seit etwa 100 Jahren in Europa als Zimmerpflanze kultiviert.

**Toxische Bestandteile:** Die Pflanze enthält neben Saponinen (besonders in den Drüsenhaaren des Kelches und der Blütenstiele) ein gelblichgrünes Sekret, das sogenannte Primelgift Primin. Dieses ist ein hautreizendes Benzochinonderivat, das in goldgelben Nadeln kristallisiert. Es kommt auch in anderen Primelarten vor, vermutlich aber in geringerer Menge.

**Vergiftungssymptome:** Primin ist ein Kontaktallergen, das meist nach Sensibilisierung zu einer schweren Hautentzündung, der sogenannten Primeldermatitis, führt. Zur Auslösung derartiger Hauterkrankungen genügt bereits der Hautkontakt mit dem klebrigen Exkret, z.B. beim Entfernen abgestorbener Blätter oder Blüten. Aber allein der Kontakt mit einer Schere, die von einer anderen Person zum Beschneiden der Pflanze benutzt wurde, kann die Hautkrankheit auslösen. Meist werden außer den Händen die Unterarme und das Gesicht, möglicherweise durch Berührung mit den Händen, von der Dermatitis erfaßt. Diese ist sehr schmerzhaft und häufig mit Blasenbildung, Schwellung und starkem Juckreiz verbunden. Auch Ödeme an den Augenlidern können auftreten und sind für das Krankheitsbild bezeichnend. Die Wirkung des Primelgiftes setzt erst Stunden oder Tage nach dem Kontakt ein, wobei die individuelle Empfindlichkeit der Menschen sehr unterschiedlich ist. Bei normal reagierenden Personen treten bei der Ersteinwirkung des Giftes kaum nennenswerte Hautentzündungen auf, sondern erst nach Sensibilisierung, d.h. mehrmaligem Kontakt. Überempfindliche Personen können dagegen bereits bei der ersten Berührung Hautentzündungen erleiden.

**Therapiemaßnahmen:** Nach Auftreten von Hautentzündungen Vermeidung jeglichen weiteren Kontaktes mit der Pflanze. Die symptomatische Behandlung der Dermatitis mit Mitteln zur Entzündungsbekämpfung (Antiphlogistika) und Mitteln gegen Allergie (Antiallergika) erfolgt durch den Arzt.
Durch Primin sensibilisierte Personen sollten prinzipiell den Kontakt mit jeglichen *Primula*-Arten meiden.

# KIRSCHLORBEER, Lorbeerkirsche

**Familie:** Rosengewächse (Rosaceae)

**Name:** Der lateinische Gattungsname *Prunus* geht auf *prunos*, griech. = Wilder Pflaumenbaum zurück. Der Artname *laurocerasus* setzt sich aus *laurus* = Lorbeer (wegen der lorbeerähnlichen Blätter) und *cerasus* = Kirsche (wegen der kirschförmigen Früchte) zusammen.

**Beschreibung:** Immergrünes Holzgewächs, das in Mitteleuropa als Strauch von etwa 2-4 m Höhe vorkommt, in wärmeren Klimaten dagegen als Baum eine Höhe von etwa 8 m erreichen kann. Die 8-15 cm langen und etwa 4-6 cm breiten, länglich-ovalen, ganzrandigen oder entfernt gezähnten, ledrig-glänzenden, oberseits dunkelgrünen, unterseits hellgrünen Blätter besitzen eine stark ausgeprägte Mittelrippe und einen kurzen Stiel. Die kleinen, weißen, etwa 8 mm breiten Blüten mit etwa 3 mm langen Kronblättern stehen in dichten, aufrechten, 10-12 cm langen Trauben. Aus dem einfächrigen Fruchtknoten entwickelt sich eine fleischige, zunächst rote, später schwarze, ovale Steinfrucht mit glattem Steinkern.

**Blütezeit:** April bis Mai.

**Vorkommen und Verbreitung:** In Südwestasien und Südosteuropa heimisch, in Süd- und Mitteleuropa als Zierstrauch eingebürgert und in Parkanlagen sowie auf Friedhöfen angepflanzt. Im nördlichen Europa nicht winterhart.

**Toxische Bestandteile:** Die Pflanze, deren Giftigkeit seit langem bekannt ist, enthält besonders in den Blättern und Samen blausäurebildende (cyanogene) Glycoside, während das Fruchtfleisch nur einen sehr geringen Gehalt davon besitzt. Auch Traubenkirsche, Pfirsich, Aprikose und besonders bittere Mandeln enthalten cyanogene Glycoside. So können 10 bittere Mandeln für Kinder und 50-60 für Erwachsene tödlich sein.

**Vergiftungssymptome:** Beim Verzehr größerer Mengen der Blätter oder der Früchte treten die für Vergiftungen durch Blausäure typischen Symptome auf. In leichteren Fällen sind vor allem Reizerscheinungen des Magen-Darm-Traktes zu erwarten. Wenn jedoch größere Mengen resorbiert werden, kann es zu Schwindel, Ohrensausen, Sehstörungen, rosiger Hautfarbe, Erbrechen (mit Bittermandelgeruch des Erbrochenen), Atemnot und schließlich zu Atemstillstand kommen.

Da die dickledrigen Blätter kaum Anreiz zum Verzehr bieten, besteht insbesondere Gefahr beim Probieren der Früchte, wie es durch Kinder nicht selten geschieht. Obwohl die Samen meist ausgespuckt oder unzerkaut heruntergeschluckt werden, so daß keine Vergiftungen auftreten, muß vor dem Genuß der Früchte gewarnt werden.

**Therapiemaßnahmen:** Erste-Hilfe-Maßnahmen werden durch primäre Giftentfernung (Auslösen von Erbrechen und Gaben von Aktivkohle, u.a. auch Magenspülung) durchgeführt. Die weitere Behandlung muß unter ärztlicher Kontrolle erfolgen.

**Geschichtliches:** Die Pflanze wurde bereits im 16. Jahrhundert als Zierstrauch in Südeuropa, aber auch in England angepflanzt.

# ADLERFARN

**Familie:** Adlerfarngewächse (Hypolepidaceae)

**Name:** Gattungsname von *pteris*, griech = Farn (*idium* bedeutet Verkleinerung), *aquilinus*, lat. = adlerähnlich.

**Beschreibung:** Die ausdauernde Pflanze mit verzweigtem, weit kriechendem Rhizom bildet aufrechte, etwa 0,5-2 m lange, zurückgebogene, 2- bis 4fach gefiederte Wedel. Am ungerollten Rande befinden sich die Sporenbehälter. Die langen, gelblichen, etwa 1 cm dicken Stiele weisen auf dem Querschnitt adlerähnliche Figuren auf. (Name!).

**Sporenreife:** Juli bis September.

**Vorkommen und Verbreitung:** Weltweit besonders in lichten Laub- und Nadelwäldern, auf Kahlschlägen, Heiden sowohl im Gebirge als auch in der Ebene vorkommend.

**Toxische Bestandteile:** Die Pflanze enthält neben verschiedenen indifferenten phenolischen Substanzen insbesondere das Vitamin $B_1$ zerstörende Enzym Thiaminase und sogenannte Pteroside, eine Gruppe von Glycosiden mit Derivaten des 1-Indanons (Pterosine) als Aglycon. Diese Verbindungen werden vermutlich erst im Organismus in die eigentlichen Giftstoffe überführt.

**Vergiftungssymptome:** Vergiftungen beim Menschen sind möglich, wenn das Farnkraut als Wildgemüse, wie dies mitunter in Ostasien üblich ist, oder die Wurzeln auf längere Zeit als Nahrungsmittel verwendet werden. Dabei treten chronische Vergiftungen auf, die zu krebsartigen Erkrankungen, z.B. Harnblasentumoren, führen können. In Mitteleuropa sind Vergiftungen durch Adlerfarn nur vom Vieh bekannt. Wenn die Futtermasse, z.B. auf Weiden, mehr als 20% Adlerfarn enthält, ist mit Vergiftungen zu rechnen. Sie äußern sich bei den verschiedenen Tierarten unterschiedlich. Bei Pferd und Schwein sind sie mit einer Vitamin-$B_1$-Mangelerkrankung, bedingt durch die in der Pflanze enthaltene Thiaminase, verbunden. Wiederkäuer gleichen diesen Vitamin-$B_1$-Verlust durch Eigenproduktion der Mikroorganismen des Pansens aus, jedoch treten auch hier je nach Dauer der Gabe und Menge des farnhaltigen Futters Erkrankungen auf, die sich u.a. in der Schädigung des blutbildenden Knochenmarks, der erhöhten Blutungsneigung bzw. beim chronischen Verlauf durch »Blutharnen« äußern. Die Vergiftungen können zum Tod der Tiere führen.

**Therapiemaßnahmen:** Absetzen des farnhaltigen Futters. Bei Nichtwiederkäuern Gaben von Vitamin $B_1$.

**Geschichtliches:** Die heute nicht mehr gebräuchliche Blattdroge wurde früher gelegentlich als Bestandteil von Rheumatees verwendet.

**Familie:** Hahnenfußgewächse (Ranunculaceae)

**Name:** Der Gattungsname leitet sich von *pulsare*, lat. = schlagen, läuten ab, da die Blüten durch den Wind ähnlich einer läutenden Glocke hin und her bewegt werden.

**Beschreibung:** Beide Arten sind Stauden mit fingerdickem, braunem Rhizom und einer Blütenhülle aus 6 kronblattartigen Kelchblättern. Während die Wiesenküchenschelle nickende Blüten mit einer purpurfarbenen oder schwarzvioletten Blütenhülle aufweist, bildet die Gemeine Küchenschelle aufrechte, anfangs glockenförmige, später ausgebreitete, violette Blüten. Der zottig behaarte Blütenschaft ist bei beiden Arten je nach Standort etwa 20-30 cm hoch. Die Blütenhülle beider Arten besteht aus 3 sitzenden, vielfach fingerteiligen, dicht behaarten Blättern. Die grundständigen, 2- bis 3fach fiederspaltigen, seidig behaarten Blätter erscheinen erst bei der Entfaltung der Blüten. Der Fruchtstand aus einsamigen Nüßchen besitzt federartige Flugvorrichtungen.

**Blütezeit:** April bis Mai.

**Vorkommen und Verbreitung:** Zerstreut besonders an sonnigen Trockenhängen und auf Heiden, in Europa vorkommend.

**Toxische Bestandteile:** Die frische Pflanze enthält Protoanemonin, das beim Trocknen durch Dimerisierung in das ebenfalls unbeständige Anemonin übergeht, das sich leicht in die unwirksame Anemoninsäure umwandelt. Daher haben getrocknete Pflanzen nur geringe Giftwirkung.

**Vergiftungssymptome:** Durch die Pflanze kann es sowohl äußerlich als auch innerlich zu Vergiftungen kommen. Bereits beim Kontakt der Frischpflanze mit der Haut, vor allem aber bei äußerlicher Anwendung kommt es zu Rötung, Schwellung, brennendem Schmerz und Blasenbildung bis zu schweren Entzündungen und Gewebezerfall. Bei innerlicher Anwendung treten die gleichen lokalen Symptome im Mund- und Rachenraum, außerdem Übelkeit und Erbrechen, schwere Magen-Darm-Erkrankungen mit blutigen Durchfällen, Schwindel, Krämpfe und Entzündungen der Nieren auf. Der Tod kann je nach Dosis bereits nach wenigen Stunden oder auch nach 1-2 Tagen durch Kreislauf- und Atemlähmung eintreten.

**Therapiemaßnahmen:** Vergiftungen kommen beim Menschen nur vereinzelt vor, wenn die Frischpflanzen in der Volksheilkunde verwendet werden (s. u.). Neben Flüssigkeitszufuhr ist primär die Bindung des Giftes durch Gaben von Aktivkohle angezeigt. Weitere kreislaufstützende Maßnahmen und künstliche Beatmung müssen durch den Arzt erfolgen.

**Geschichtliches:** Die arzneiliche Anwendung der *Pulsatilla*-Arten ist heute weitgehend auf die Homöopathie beschränkt, in der sie bei Menstruationsstörungen, Migräne, Depressionszuständen und Hauterkrankungen noch verwendet werden.

# SCHARFER HAHNENFUSS

**Familie:** Hahnenfußgewächse (Ranunculaceae)

**Name:** Der Gattungsname geht auf *rana*, lat. = Frosch (*ranunculus* = Verkleinerungsform) zurück und deutet auf das Vorkommen vieler »Ranunkeln« in Wassernähe hin; *acris*, lat. = scharf, beißend. Hahnenfuß wird die Pflanze auf Grund der Blattform einiger Arten genannt, die den Zehen eines Hahnes ähnlich sind.

**Beschreibung:** Die Pflanze ist ausdauernd mit kurzem Wurzelstock und aufrechtem, wenig verästeltem, etwa 30-80 cm hohem, im unteren Teil hohlem und schwach behaartem Stengel. Die grundständigen Blätter sind handförmig 5- bis 7teilig, nach oben 3teilig oder einfach und kürzer gestielt oder sitzend. Die auffällig goldgelben, fettglänzenden, radiären Blüten (Butterblume) stehen auf einem langen, etwas behaarten, runden Blütenstengel. Es sind meist 5, mitunter aber bis zu 11 Kronblätter vorhanden, von denen jedes am Grunde eine Honigschuppe (Nektarium) besitzt. Die zahlreichen Früchte sitzen auf dem kahlen Blütenboden.

**Blütezeit:** Mai bis September.

**Vorkommen und Verbreitung:** Er kommt auf der ganzen nördlichen Halbkugel von der Ebene bis in die alpinen Bereiche vor und tritt häufig massenhaft auf.

**Toxische Bestandteile:** Die Pflanze enthält neben zahlreichen indifferenten Stoffen das brennend scharfe Protoanemonin bzw. dessen glycosidische Vorstufen.

**Vergiftungssymptome:** Obwohl Vergiftungen beim Menschen selten sind, treten sie nach Berührung mit frisch geschnittenen Pflanzenteilen als sogenannte Wiesendermatitis auf, bedingt durch die Reizwirkung des Protoanemonins. Es kommt zu Rötung und brennendem Schmerz, bei längerer Einwirkung erfolgt Blasenbildung, die bis zur Nekrose führen kann. Nach Verzehr der frischen Pflanze treten schwere Reizungen der Mund-, Magen- und Darmschleimhaut auf, die mit Koliken und Durchfällen verbunden sind. Es kommt auch meist zu Nierenentzündungen, in schweren Fällen zu Lähmungen insbesondere des Atmungszentrums. Häufiger sind Vergiftungen bei Weidetieren mit den gleichen Symptomen, wobei ernstere Komplikationen nur auftreten, wenn der Anteil bei der Nahrungsaufnahme groß ist. Im getrockneten Pflanzenmaterial (im Heu) kann Hahnenfuß verfüttert werden, da das Protoanemonin beim Trocknen in das unwirksame Anemonin bzw. Anemoninsäure übergeht.

**Therapiemaßnahmen:** Zur Minderung der Schleimhautreizungen gibt man schleimige Zubereitungen, als absorbierendes Mittel Aktivkohle. Falls nötig, muß die weitere Behandlung symptomatisch durch den Arzt erfolgen.

**Geschichtliches:** Die lokale Ätzwirkung des frischen Pflanzensaftes nutzte man früher auch zur Behandlung von Warzen. Daher stammt der Name Warzenkraut für den Scharfen Hahnenfuß.

# KNOLLIGER HAHNENFUSS · GIFTHAHNENFUSS

**Familie:** Hahnenfußgewächse (Ranunculaceae)

**Name:** *Ranunculus* (s. *Ranunculus acris*); *bulbus*, lat. = Knolle weist auf die knollentragende Pflanze hin, *sceleratus*, lat. = verbrecherisch auf die Giftigkeit.

**Beschreibung:** Der Knollige Hahnenfuß besitzt einen verdickten, knolligen, 0,15-0,35 m hohen, aufrechten und wenig verästelten Stengel. Die langgestielten Grundblätter sind 3zählig, die Stengelblätter meist sitzend oder kurzgestielt mit schmalen Abschnitten. Die ganze Pflanze ist behaart, wodurch sie ein matt graugrünes Aussehen erhält. Die gelben, bis zu 3 cm breiten Blüten stehen auf langen, gefurchten Stielen. Die zahlreichen Früchte befinden sich auf einem eiförmigen Blütenboden. Der ein- oder zweijährige Gifthahnenfuß bildet einen etwa 20-50 cm hohen, aufrechten, gefurchten und hohlen Stengel. Die gestielten 3- bis 5teiligen Blätter werden nach oben kleiner und einfacher. Die kleinen, blaßgelben Blüten sind nur 6- 10 mm breit. An feuchten Orten weist die Pflanze üppiges Wachstum, an überfluteten Stellen sogar Schwimmblattformen, an trockenen Stellen dagegen Zwergwuchs auf. Die kleinen Früchtchen stehen bis zu 100 auf einem bis zu 1 cm langen, zylindrischen Blütenboden.

**Blütezeit:** Knolliger Hahnenfuß: Mai bis Juli,
Gifthahnenfuß: Juni bis Oktober.

**Vorkommen und Verbreitung:** Beide Arten kommen in ganz Mitteleuropa vor, der Knollige Hahnenfuß besonders auf Trockenrasen und an Waldrändern, der Gifthahnenfuß auf Sumpfwiesen und an Gräben, mitunter auch im Wasser.

**Toxische Bestandteile:** Die frischen Pflanzen enthalten u.a. das giftige Protoanemonin sowie die entsprechende dimere Verbindung Anemonin, die unwirksam ist.

**Vergiftungssymptome:** Vergiftungen sind nur mit den frischen Pflanzen zu erwarten. Sie entsprechen denen, die durch andere protoanemoninhaltige Pflanzen ausgelöst werden (s.u.a. Scharfer Hahnenfuß (*Ranunculus acris* S. 176)).

**Therapiemaßnahmen:** Gaben von Schleimzubereitungen zur Linderung der Reizwirkung, von Aktivkohle zur Absorption des Giftstoffes. In schwereren Fällen muß die symptomatische Behandlung durch den Arzt erfolgen.

**Geschichtliches:** Von den beiden Pflanzen, die früher offizinell waren, der Gifthahnenfuß unter der Bezeichnung Herba Ranunculi vel aquatici, verwendet man heute nur noch den Knolligen Hahnenfuß in der Homöopathie, u.a. bei Menstruationsbeschwerden, rheumatischen Erkrankungen und Hautausschlägen.

# PURGIERKREUZDORN

**Familie:** Kreuzdorngewächse (Rhamnaceae)

**Name:** Bei dem Gattungsnamen handelt es sich um den griechischen Pflanzennamen für Dornstrauch *catharticus*, griech. = abführend, reinigend. Die Bezeichnung Kreuzdorn wird auf die Stellung der Dornen, die mit den Ästen ein Kreuz bilden, zurückgeführt. Weitere Namen sind Amselkirsche, Blasenbeere, Färberbaum, Scheißbeere und Hexendorn.

**Beschreibung:** Die meist strauchartige Pflanze mit sperrigem Wuchs erreicht eine Höhe von etwa 2-3 m. Sie kann aber auch einen bis zu 8 m hohen Baum bilden. Die fast gegenständigen Zweige weisen teilweise Lentizellen auf und enden oft in einem Sproßdorn. Die gegenständig angeordneten Blätter können stumpf oder zugespitzt sein mit fein gesägtem Blattrand und jederseits 3-4 Seitennerven. Die blattachselständigen, 4zähligen, angenehm riechenden Blüten mit 2- bis 5spaltigem Griffel haben gelbgrüne Kronblätter, die doppelt so lang wie der Kelch sind, und stehen in Trugdolden. Die im Herbst reifenden, beerenartigen Steinfrüchte sind zunächst grün, danach schwarz, etwa erbsengroß und von bitterem Geschmack.

**Blütezeit:** Mai bis Juni.

**Vorkommen und Verbreitung:** In nahezu ganz Europa sowie Asien verbreitet, im Norden zerstreut besonders auf kalkhaltigen Böden, in Wäldern und Gebüschen vorkommend.

**Toxische Bestandteile:** Die Früchte enthalten neben verschiedenen flavonoiden Farbstoffen insbesondere freie und glycosidisch gebundene Anthrachinonderivate.

**Vergiftungs-symptome:** Bereits nach Einnahme weniger Früchte kommt es zu einer Reizung des Dickdarms, die mit mild abführender Wirkung verbunden ist. Größere Mengen von Früchten (ab 10 Beeren) besonders in unreifem Zustand können bereits Erbrechen mit Durchfall auslösen. Es kommt zu Nierenreizung, Trockenheit in Mund und Rachen sowie starkem Durstgefühl. Ebenso kann Kollaps auftreten. Durch Einnahme größerer Mengen der Früchte ist es bei kleineren Kindern sogar zu Todesfällen gekommen.

**Therapie-maßnahmen:** Nach Verzehr nur kleiner Mengen (von etwa 10-15 Früchten) sind reichliche Flüssigkeitszufuhr in Form von Schleimzubereitungen (Haferschleim, Eiermilch), gegebenenfalls Gaben von Aktivkohle ausreichend. Nach Einnahme größerer Mengen müssen dagegen Magenspülung und die weitere Behandlung durch den Arzt erfolgen.

**Geschichtliches:** Die Kräuterbücher des Mittelalters erwähnen den Kreuzdorn lediglich als Färbemittel, das man aus den unreifen Früchten herstellte und als »Saftgrün« bezeichnete. Dieses bildet im alkalischen Medium einen gelben, im sauren einen roten Farbstoff.

# ROSTBLÄTTRIGE / BEWIMPERTE ALPENROSE

**Familie:** Heidekrautgewächse (Ericaceae)

**Name:** Der Gattungsname leitet sich von den beiden griechischen Bezeichnungen *rhodon* = Rose und *dendron* = Baum, d.h. Rosenbaum ab (wegen der roten Blüten). Die Bezeichnung Alpenrose wurde wegen ihres Vorkommens im gesamten Alpengebiet geprägt. Für die Bewimperte Alpenrose ist auch der Name Almrausch gebräuchlich.

**Beschreibung:** Beide Arten sind verästelte Kleinsträucher mit kurzgestielten, ganzrandigen Blättern. Bei der Rostblättrigen Alpenrose, die eine Höhe von 0,30-1,50 m erreicht, sind die Blätter oval-lanzettlich, oberseits dunkelgrün glänzend, unserseits rostbraun, am Rande umgerollt und kahl. Die doldentraubig angeordneten Blüten mit trichterförmiger, karminroter Blumenkrone sitzen auf langen, mit Schüppchen bedeckten Stielen an den Zweigenden.

Die Blätter der Bewimperten Alpenrose, die etwa 0,20-1,00 m hoch wird, sind breit-lanzettlich, ganzrandig, jedoch am Rande wie auch die Blütenstiele und der Kelch lang bewimpert, oberseits dunkelgrün, unterseits hellgrün und drüsig punktiert. Die in einer vielblütigen Doldentraube angeordneten Blüten weisen eine verwachsene, hellrote, trichterförmige Blumenkrone mit ungleichen Zipfeln auf. Die Frucht ist bei beiden Arten eine 5fächrige, aufspringende Kapsel.

**Blütezeit:** Mai bis Juli (Rostblättrige Alpenrose),
Juni bis August (Bewimperte Alpenrose).

**Vorkommen und Verbreitung:** In den Alpen, Pyrenäen, Karpaten und dem Vorland anzutreffen. Im Gegensatz zur Bewimperten Alpenrose, die kalkhaltige Böden bevorzugt, ist die Rostblättrige Alpenrose kalkmeidend.

**Toxische Bestandteile:** Giftstoffe sind sogenannte Diterpenderivate, vornehmlich Grayanotoxin I, das auch unter dem Namen Andromedotoxin, Asebotoxin, Acetylandromedol und Rhodotoxin bekannt und in Blättern und Blüten enthalten ist.

**Vergiftungssymptome:** Vergiftungen machen sich durch Brennen und Juckreiz auf Haut und Schleimhäuten, starke Speichelsekretion, Übelkeit, Erbrechen, Durchfall, Darmkrämpfe, Blutdruckabfall, in schweren Fällen durch Herzversagen und Atemstillstand bemerkbar. Man beobachtete solche Vergiftungen mitunter bei Kindern, die an den auffälligen Blüten saugten. Honig, der weitgehend von *Rhododendron*-Arten abstammt, ist giftig.

**Therapiemaßnahmen:** Bei einer Vergiftung durch die beiden Arten ist primär die Giftentfernung wichtig. Sie erfolgt durch Auslösen von Erbrechen, Gaben von Aktivkohle zur Bindung des Giftes bzw. durch Magenspülung durch den Arzt. Er führt auch die weitere Behandlung symptomatisch durch.

**Geschichtliches:** Die frühere Anwendung der Blattdroge bei Gelenk- und Muskelerkrankungen ist heute nicht mehr gebräuchlich.

**Familie:** Heidekrautgewächse (Ericaceae)

**Name:** Während sich der Gattungsname aus *rhodon*, griech. = Rose und *dendron*, griech. = Baum zusammensetzt, bezieht sich der Artname *luteum* auf die gelben Blüten, und *catawbiense* weist auf *catawbisch*, d.h. das Vorkommen am Catawbafluß in Nordamerika, hin.

**Beschreibung:** Die beiden Pflanzen kommen kaum in der reinen Art vor. Der Pontische Felsenstrauch erreicht eine Höhe von etwa 1 m, ist stark verästelt und besitzt behaarte Zweige. Die kurzgestielten länglich-lanzettlichen oder verkehrteiförmigen Blätter sind am Rande bewimpert und etwa 10 cm lang. Die langgestielten Blüten befinden sich am Ende der vorjährigen Zweige in lokkeren Doldentrauben. Die etwa 5-6 cm breite, trichterförmig-glockige, goldgelbe Blumenkrone duftet nelkenähnlich. Die Früchte stellen Kapseln mit vielen Samen dar.

Im Gegensatz zum sommergrünen *Rhododendron luteum* sind Rh. *catawbiense*-Hybriden immergrün und werden 2-5 m hoch, mit elliptischen Blättern, deren Oberseite glänzend dunkelgrün ist. Die glockig-trichterartigen, meist lilafarbenen Blüten stehen in endständigen Doldentrauben.

**Blütezeit:** Mai bis Juni.

**Vorkommen und Verbreitung:** Die Heimat von *Rh. luteum*, auch als Gelbe Alpenrose (syn. *Azalea pontica* L.) bezeichnet, liegt in Kleinasien, dem Kaukasus und den Julischen Alpen. In Mitteleuropa wird sie meist als Zierstrauch (Hybride) angepflanzt. Kreuzungen erfolgten meist mit amerikanischen und chinesischen Felsenstraucharten.

**Toxische Bestandteile:** Beide Pflanzen enthalten in den Blättern und Blüten das für mehrere Gattungen dieser Pflanzenfamilie typische Diterpen Grayanotoxin (= Andromedotoxin, Asebotoxin, Acetylandromedol oder Rhodotoxin).

**Vergiftungssymptome:** Obwohl Vergiftungen beim Menschen selten sind, kommen sie gelegentlich, besonders bei Kindern, die an den Blüten saugen, vor. Sie äußern sich zunächst durch Brennen im Mund- und Rachenraum, erhöhten Speichelfluß und Übelkeit sowie auch Prickeln auf der Haut. Nach Einnahme größerer Mengen kann es zu Erbrechen, Durchfall mit Darmkrämpfen, rauschartigen Zuständen, lang anhaltendem Blutdruckabfall und schließlich zu Atemlähmung kommen.

**Therapiemaßnahmen:** Primär ist die Entfernung des Giftes durch Auslösen von Erbrechen und Gaben von Aktivkohle zur Absorption und damit Inaktivierung des Giftes wichtig. Eine eventuell notwendige Magenspülung wie auch die weitere Behandlung müssen symptomatisch durch den Arzt erfolgen.

**Geschichtliches:** Die in Nordamerika wildwachsende *Rh. catawbiense* stellt die Stammart vieler Hybriden dar und wurde 1809 nach Europa eingeführt.

# RIZINUS, Wunderbaum

**Familie:** Wolfsmilchgewächse (Euphorbiaceae)

**Name:** Der Gattungsname ist vermutlich auf *rikinos*, griech. = Wunderbaum (wegen des schnellen Wachstums) zurückzuführen. Weitere Namen sind Christuspalme, Kreuzbaum, Läusebaum.

**Beschreibung:** Die in Europa einjährig gezogene Pflanze erreicht hier eine Höhe von 1-2 m. Der dicke, verzweigte, häufig braunrote Stengel trägt große, langstielige, handförmig gelappte Blätter sowie eingeschlechtliche, rispig angeordnete Blüten. Die männlichen Blüten mit verzweigten Staubblättern befinden sich im unteren Teil der Rispe, die darüber angeordneten weiblichen Blüten fallen durch die roten Narben auf, während die 3-5 Blütenblätter recht unscheinbar sind. In jedem Fach der etwa kirschgroßen, kugligen, 3fächrigen Kapselfrüchte befindet sich ein bis 12 mm langer, rotbrauner, grauweiß marmorierter, glänzender Samen.

**Blütezeit:** Juli bis September.

**Vorkommen und Verbreitung:** Die im tropischen Afrika beheimatete Pflanze wird in zahlreichen tropischen und subtropischen Ländern, insbesondere in Brasilien und Indien, zur Ölgewinnung kultiviert. In Europa dient sie als Zierpflanze (Sommerblume) in Parkanlagen und Gärten.

**Toxische Bestandteile:** Die Samen enthalten fettes Öl, das in gereinigter Form therapeutisch als Abführmittel und als wertvolles Schmiermittel in der Technik Anwendung findet. Außerdem beinhalten sie das sogenannte Ricin, ein hochtoxisches Lectin, ein Glycoprotein mit einer relativen Molekülmasse von 65000, das bei der Ölgewinnung im Preßrückstand verbleibt. Diese Verbindung gehört zu den stärksten biogenen Giften. Die tödliche Dosis von Ricin liegt beim Menschen bei 1 mg/kg. So kann bereits der Verzehr von etwa 8 Samen tödlich sein. Mitbestimmt wird die Stärke der Giftwirkung von der Intensität des Zerkauens.

**Vergiftungssymptome:** Da Rizinus heute als Zierpflanze in Mitteleuropa sehr häufig kultiviert wird, ist ein Kontakt mit den giftigen Samen leicht möglich. So bieten die schön glänzenden Samen mit ihrer auffallenden Marmorierung Anlaß zur Verwendung u. a. für Schmuckketten. Sie verlocken aber auch zum Verzehr, insbesondere durch Kinder. Die ersten Vergiftungserscheinungen sind Brennen im Mund, Übelkeit, Schwindel, u. U. kommt es zu blutigem Erbrechen, mit reiswasserähnlichen Durchfällen verbundenen Darmkrämpfen und schließlich zu Kreislaufversagen.

**Therapiemaßnahmen:** Im Vordergrund steht als Erste-Hilfe-Maßnahme die schnelle Giftentfernung aus dem Organismus (Magenspülung mit Aktivkohle und Glaubersalzlösung als Abführmittel), an die sich weitere symptomatische Behandlungsmaßnahmen anschließen, die in der Klinik erfolgen müssen.

# ROBINIE, Falsche Akazie

| | |
|---|---|
| **Familie:** | Schmetterlingsblütengewächse (Fabaceae) |
| **Name:** | Der Gattungsname wurde nach V. Robin gewählt, der um 1623 die ersten aus Amerika stammenden Bäume in Frankreich kultivierte. Der Artname *pseudoacacia* (Scheinakazie, Falsche Akazie) weist auf die Ähnlichkeit mit Akazienarten hin. |
| **Beschreibung:** | Die bis zu etwa 20 m hohen Bäume weisen Stämme mit auffallend tief-längsrissiger Borke auf. Die sperrigen Äste und Zweige sind glatt. Die unpaarig gefiederten Blätter mit 9 bis 17zähligen, eiförmig-elliptischen Fiederblätichen, die in 4-8 Blattpaaren angeordnet sind, können bis zu 30 cm lang werden. Die Nebenblätter sind zu Dornen umgewandelt. Die angenehm riechenden, weißen Blüten stehen in dichten, 10-20 cm langen, hängenden Trauben. Die Früchte, bis etwa 10-12 cm lange, pergamentartig-ledrige, glatte Hülsen, springen erst im Winter auf und entlassen 4-10 olivgrüne bis braune Samen. |
| **Blütezeit:** | Mai bis Juni. |
| **Vorkommen und Verbreitung:** | Die Heimat liegt im südlichen Nordamerika. Inzwischen wurde die Robinie in ganz Europa eingebürgert, vielfach auch angepflanzt. Durch Selbstaussaat ist sie besonders auf sandigen Böden anzutreffen. |
| **Toxische Bestandteile:** | In erster Linie handelt es sich um giftige Eiweißstoffe aus der Gruppe der Lectine, insbesondere das Robin. Es ist besonders in der Rinde (etwa 1,6%) angereichert, kommt aber auch in anderen Teilen der Pflanze vor. Es besitzt – ähnlich wie das Ricin aus Rizinussamen – das Zusammenkleben der Blutkörper bewirkende (hämagglutinierende) Eigenschaften. Die Toxizität scheint jedoch niedriger zu sein als die des Ricins und die des Phasins der Feuerbohne (*Phaseolus coccineus*). Vergiftungen werden zuweilen bei Kindern nach dem Kauen von Samen oder der Rinde beobachtet. Auch beim Bearbeiten von Robinienholz und Einatmen des Staubes sind Vergiftungen möglich. |
| **Vergiftungs-symptome:** | Wenige Stunden nach der Einnahme kommt es zu Übelkeit und Erbrechen, ferner zu kolikartigen Bauchschmerzen, Krämpfen mit starkem Flüssigkeitsverlust und Schocksymptomen sowie u. U. zu Kreislaufversagen. Die Angaben über die toxische Menge schwanken bei Samen zwischen 5-30 Stück. Vergiftungen werden mitunter auch bei Pferden beobachtet, die von der Rinde oder vom Laub gefressen haben. |
| **Therapie-maßnahmen:** | Falls kein spontanes Erbrechen erfolgt, ist dieses sofort auszulösen. Danach Gaben von Aktivkohle zur Bindung des Giftes. Im Mittelpunkt der symptomatischen Behandlung durch den Arzt in der Klinik stehen Schockbehandlung mit Ersatz des Flüssigkeits- und Elektrolytverlustes, gegebenenfalls auch kreislaufstützende Maßnahmen. |

# ZWERGHOLUNDER

**Familie:** Geißblattgewächse (Caprifoliaceae)

**Name:** Der Gattungsname *Sambucus* leitet sich vermutlich vom griechischen *sambyx* (bedeutet rote Farbe oder Pflanze mit rotem Saft) ab. Die Griechen nannten die *Sambucus*-Arten *actaia* (von *agnymi* = brechen oder *akte*). Hiervon stammt der im deutschen Sprachgebrauch ebenfalls übliche Name Attich. *Ebulus* ist die Bezeichnung der Römer für diese Pflanze.

**Beschreibung:** Die kräftige, ausdauernde Pflanze bildet ein mitunter tief im Boden liegendes Rhizom. An dem aufrechten, 0,6-1,50 m hohen, runden, mit Warzen besetzten Stengel stehen gegenständig die unpaarig gefiederten Blätter mit 7-9 kurzgestielten, lanzettlichen Fiederblättchen. Am Grunde des Blattstieles befinden sich blattartig ausgebildete, eirundliche, spitze und gesägte Nebenblätter. Die Blüten stehen zu vielen in einer doldigen Rispe und riechen nach bitteren Mandeln. Die 5zählige, weiße bis rosafarbene Blütenkrone ist am Grunde verwachsen, die Staubbeutel sind rot, später schwarz. Die meist glänzendschwarzen, überwiegend 3samigen Früchte stehen – im Gegensatz zu den überhängenden Fruchtständen des Schwarzen Holunders – in einem aufrechten Fruchtstand.

**Blütezeit:** Juni bis Juli.

**Vorkommen und Verbreitung:** An Waldrändern und in Lichtungen von Südschweden bis Nordafrika und zum westlichen Asien anzutreffen.

**Toxische Bestandteile:** Die giftigen Stoffe der Pflanze sind chemisch noch nicht klassifiziert. Es werden harzartige Verbindungen vermutet. Sie sind besonders im Samen, weniger im Fruchtfleisch enthalten und lassen sich durch Hitzebehandlung entgiften.

**Vergiftungssymptome:** Größere Mengen besonders der rohen, beerenartigen Früchte, aber auch andere Pflanzenteile bewirken Brennen im Mund, Erbrechen, Kopfschmerzen und blutige Durchfälle. Die Vergiftungserscheinungen können bis zur Bewußtlosigkeit führen, selbst Todesfälle sind bekanntgeworden. Besonders Kinder reagieren bereits nach Einnahme weniger Früchte mit starkem Brechreiz und Durchfall. Die Vergiftungen beruhen z. T. auf Verwechslungen mit Holunderbeeren.

**Therapiemaßnahmen:** Sofortige Gabe von Aktivkohle. Nach stationärer Aufnahme Magenspülung, Verabreichung von schleimhaltigen Zubereitungen; den Kreislauf unterstützende Maßnahmen.

**Geschichtliches:** Der Holunder war bei unseren Vorfahren ein der allgemein verehrten Göttin Holle geweihter Baum. In späterer Zeit wurden die Wurzeln und Früchte (Radix, Fructus Ebuli) in der Volksheilkunde als harn- und schweißtreibende Droge verwendet. Dabei kam es auch zu Vergiftungen, da die Wurzel vereinzelt mit der Tollkirsche verfälscht oder verwechselt wurde.

# BESENGINSTER

**Familie:** Schmetterlingsblütengewächse (Fabaceae)

**Name:** Die deutsche Bezeichnung weist auf die Verwendung der Zweige hin. So leitet sich der Gattungsname vom griechischen *saron* = Besen und *thamnos* = Strauch ab; *scoparius* bedeutet besenartig, abgeleitet von *scopa*, lat. = Besen.

**Beschreibung:** Der etwa 0,5-2 m hohe, spärlich belaubte Strauch besitzt kantige, rutenförmige, grüne Zweige. Die angedrückt an den Zweigen stehenden Blätter sind im oberen Teil ungeteilt, im unteren bestehen sie aus 3 weich behaarten Teilblättchen. Die auffallend goldgelben, 2-2,5 cm großen Blüten sind blattachselständig einzeln oder zu zweit angeordnet und besitzen einen spiralig eingerollten Griffel. Die 4-5 cm langen Früchte stellen flachgedrückte, am Rande behaarte, schwarzbraune Hülsen mit dunkelbraunen Samen dar. Die Pflanze verfärbt sich beim Trocknen schwarz.

**Blütezeit:** Mai bis Juni.

**Vorkommen und Verbreitung:** In Gebüschen und lichten Wäldern in weiten Teilen Europas vorkommend, sandige Böden bevorzugend, kalkmeidend.

**Toxische Bestandteile:** Die Pflanze enthält Alkaloide vom Chinolizidintyp. Hauptalkaloid ist das Spartein, dessen Gehalt zwischen 1-3% schwankt. Es ist besonders in unreifen Samen enthalten. Bei der Samenreife erfolgt jedoch die Umwandlung von Spartein in Lupanin.

**Vergiftungssymptome:** Obwohl Vergiftungen mit Besenginster selten sind, können erste Symptome bereits beim Verzehr von 5-10 Samen mit Übelkeit und Magen-Darm-Beschwerden auftreten. Das durch Spartein hervorgerufene Vergiftungsbild äußert sich in Herzfrequenzbeschleunigung, peripher – ähnlich wie beim Nicotin – durch Lähmungen und u.U. durch Kreislaufversagen. Zu Vergiftungen kommt es mitunter durch Überdosierung von Spartein enthaltenden Arzneimitteln, denn das Spartein, das man aus dem Besenginsterkraut gewinnt, wird in therapeutischen Dosen bei Herzrhythmusstörungen eingesetzt.

**Therapiemaßnahmen:** Im Frühstadium der Vergiftung ist die Giftentfernung durch Auslösen von Erbrechen vorzunehmen. Weitere Maßnahmen sind reichliche Gaben von Aktivkohle und Flüssigkeit sowie gegebenenfalls den Kreislauf unterstützende Maßnahmen und Atemhilfe durch den Arzt.

**Geschichtliches:** Besenginster ist eine alte Heilpflanze. Vermutlich handelt es sich bei der von Dioskurides in seiner »Materia medica« als Spartion beschriebenen Pflanze um *Sarothamnus scoparius*. Ihre spätere Verwendung in der Volksheilkunde als Herz-und-Kreislauf-Mittel führte infolge falscher Dosierung zu Vergiftungen. Die Droge kam auch gegen Schlangenbisse zum Einsatz. So behaupteten Hirten in der Auvergne in Frankreich, wo der Strauch in großen Mengen wächst, daß ein Schlangenbiß Schafen nicht schadet, wenn diese Besenginster fressen.

# GLOCKENBILSENKRAUT, Krainer Tollkraut

**Familie:** Nachtschattengewächse (Solanaceae)

**Name:** Die Benennung des Gattungsnamens erfolgte nach dem italienischen Botaniker J.A. Scopoli (1723-1788), während der Artname *carniolica* = krainisch auf das Vorkommen in der Gebirgslandschaft an der Save (Julische Alpen) hinweist.

**Beschreibung:** Die ausdauernde Pflanze mit einem kräftigen Wurzelstock erreicht eine Höhe von etwa 0,30-0,60 m und bildet einen aufrechten Stengel. Die ganzrandigen, eiförmig-länglichen Laubblätter sind in den Stiel verschmälert. Die langgestielten und nickenden Blüten stehen einzeln. Die verwachsene, glockenförmige, leicht 5zipflige Blumenkrone ist etwa 3 cm lang, außen braunrot und innen olivfarben. Die Frucht stellt eine 2fächrige Deckelkapsel dar.

**Blütezeit:** April bis Mai.

**Vorkommen und Verbreitung:** In schattigen Laubwäldern Südösterreichs und Jugoslawiens bis Südosteuropa in Schluchten höherer Gebirgslagen anzutreffen, vereinzelt aus Gärten verwildert.

**Toxische Bestandteile:** Die Pflanze gehört zur gleichen Tribus wie Tollkirsche (*Atropa*) und Bilsenkraut (*Hyoscyamus*). Sie enthält sowohl in den Blättern (0,2-0,4%) als auch in den Wurzeln (bis 0,5%) Alkaloide. Die Hauptalkaloide sind Hyoscyamin und Scopolamin.

**Vergiftungs-symptome:** Die Vergiftung äußert sich nach Verzehr von Pflanzenteilen meist durch Erbrechen. Typisch sind aber 4 Hauptsymptome: Rötung des Gesichts, Trokkenheit in Mund- und Rachenraum bzw. der Schleimhäute, Pulsbeschleunigung und Pupillenerweiterung. Bei höheren Alkaloiddosen, etwa ab 3 mg, treten außerdem zentralerregende Symptome auf. Diese äußern sich in Rededrang, Phantasmen und Halluzinationen, denen Tobsuchtsanfälle (Name) und epileptische Krämpfe folgen können. Es kommt schließlich u.a. zu Seh- und Sprachstörungen, Schluckbeschwerden und erhöhter Körpertemperatur. Dann folgt ein drastischer Temperaturabfall, verbunden mit Lähmungserscheinungen. Der Tod kann durch Atemlähmung eintreten. Die Empfindlichkeit ist beim Erwachsenen unterschiedlich. Bei Kleinkindern können 2 mg der Alkaloide bereits tödlich sein.

**Therapie-maßnahmen:** Als Erste-Hilfe-Maßnahmen Auslösen von Erbrechen, danach Magenspülung durch den Arzt. Wegen der Trockenheit der Schleimhäute ist die Verwendung eines gut gleitbaren, z.B. eingeölten Schlauches, erforderlich. Danach sollte Aktivkohle verabreicht werden. Bei erhöhter Körpertemperatur sind temperatursenkende Maßnahmen, z.B. Umschläge mit nassen Tüchern, günstig, es dürfen jedoch keine fiebersenkenden Arzneimittel gegeben werden. Auch die Atmung und den Kreislauf unterstützende Maßnahmen müssen ausschließlich durch den Arzt bzw. in der Klinik erfolgen. Bei schnell einsetzender Behandlung ist die Prognose günstig.

# KNOTENBRAUNWURZ

**Familie:** Braunwurzgewächse (Scrophulariaceae)

**Name:** Der Gattungsname leitet sich von *scrophula*, lat. = Halsdrüsengeschwulst ab und bezieht sich auf das teilweise knollig aufgetriebene Rhizom; *nodosus*, lat. = knotig.

**Beschreibung:** Die ausdauernde Pflanze mit knollig verdicktem Rhizom erreicht eine Höhe von etwa 0,50-1,50 m und bildet einen 4kantigen, nicht geflügelten Stengel. Die gestielten ei- oder herzförmigen, oben meist eiförmig-lanzettlichen Blätter mit scharf doppelt gesägtem Blattrand haben 4kantige geflügelte Stiele. Die kleinen, 2lippigen Einzelblüten mit einer trübbraunen, 5-7 mm langen, am Grunde grünlichen Blumenkrone stehen in einer endständigen Rispe. Die Frucht ist eine vielsamige, eiförmige, sich bei der Reife mit 2 Klappen öffnende Kapsel.

**Blütezeit:** Juni bis September.

**Vorkommen und Verbreitung:** In Mitteleuropa, Zentralasien und Nordamerika verbreitet, insbesondere in krautreichen Wäldern und Gebüschen sowie auf Kahlschlägen.

**Toxische Bestandteile:** Die Pflanze enthält verschiedene Gruppen von glycosidischen Stoffen, u.a. Flavonoide, Iridoide und Saponine. Ein ausgesprochener Giftstoff ist jedoch nicht bekannt. Möglicherweise sind zuweilen beobachtete Vergiftungen durch die Pflanze auf ein komplexes Zusammenspiel verschiedener Inhaltsstoffe zurückzuführen.

**Vergiftungssymptome:** Über Vergiftungen liegen in der Literatur keine näheren Angaben vor. Die Bezeichnung »Rotharnkraut« für die Pflanze beruht offenbar darauf, daß beim Weidevieh nach ihrem Verzehr sogenanntes Blutharnen beobachtet wurde. Dies ist z. T. auf die stark harntreibenden glycosidischen Stoffe der Pflanze zurückzuführen. Da sie früher gelegentlich in der Volksheilkunde als Wurmmittel verwendet wurde, dürfte es – bedingt durch vermutlich hohe Gaben – zu ähnlichen Wirkungen gekommen sein.

**Therapiemaßnahmen:** Außer dem sofortigen Absetzen weiterer Gaben von Zubereitungen der Pflanze sind in der Regel keine Behandlungsmaßnahmen nötig. Erforderlichenfalls muß Aktivkohle gegeben werden. Nur nach Einnahme großer Mengen sollte sofortiges Erbrechen ausgelöst werden.

**Geschichtliches:** Eine aus der frischen Pflanze vor Beginn der Blüte gewonnene Essenz diente früher in der Homöopathie u. a. zur Behandlung skrofulöser Drüsenschwellungen und Augenleiden, von Ekzemen der Haut, besonders der Ohren und Hämorrhoiden. Das in der Volksheilkunde hochgeschätzte Kraut kam früher auch als harntreibendes Mittel zur Anwendung.

Abkochungen der frischen Wurzelstöcke wurde eine heilende Wirkung bei Rotlauferkrankungen der Schweine zugeschrieben.

# SCHARFER MAUERPFEFFER

**Familie:** Dickblattgewächse (Crassulaceae)

**Name:** Der Gattungsnarne leitet sich von *sedere*, lat. = sitzen ab und weist darauf hin, daß die Pflanze dicht am Boden wächst. Der Artname *acre*, lat. = scharf, beißend bezieht sich auf den scharfen, pfefferartigen Geschmack.

**Beschreibung:** Die reich verzweigte Staude mit kriechenden oder bogig aufsteigenden Sprossen erreicht eine Höhe von etwa 5-15 cm. Typisch ist dabei die Neigung der Pflanze, Polster zu bilden. Die dicken, eiförmigen, am Grunde abgerundeten Laubblätter sind etwa 4 mm lang und 3 mm breit, stumpf und in 6 Längsreihen angeordnet. Die radiären Blüten besitzen 5 goldgelbe, 6-7 mm lange, fein zugespitzte Kronblätter. Die abstehenden Balgfrüchte bilden einen aufspringenden, 5strahligen Stern. Sie öffnen sich nur bei feuchter Luft bzw. bei Regen, wobei die Samen herausgeschwemmt und durch das Regenwasser verbreitet werden.

**Blütezeit:** Juni bis Juli.

**Vorkommen und Verbreitung:** In weiten Teilen Europas, aber auch in Nordafrika und in Asien bis zum Altaigebirge vorkommend, insbesondere auf Sandtrockenrasen, an Felsen, Mauern und in trockenen Kiefernwäldern.

**Toxische Bestandteile:** Die Pflanze enthält Alkaloide vom Piperidintyp. Sie sind in den verschiedenen *Sedum*-Arten unterschiedlich enthalten, beim Scharfen Mauerpfeffer ist der Gehalt mit etwa 0,3% aber am höchsten. Als Hauptalkaloide müssen Sedamin, Sedinin und Sedridin genannt werden. Der pfefferartige Geschmack, der mit starker Reizwirkung auf die Schleimhäute einhergeht, ist wahrscheinlich auf andere, bisher unbekannte Stoffe zurückzuführen.

**Vergiftungssymptome:** Die Einnahme der frischen Pflanze führt zunächst zu Brennen im Mund und Brechreiz, bei größeren Dosen kommt es zu Lähmungserscheinungen bis zum Atemstillstand. Daneben sind auch geringe zentral erregende und blutdrucksenkende Effekte bekannt. Sowohl die lähmenden, aber auch die zentral stimulierenden und blutdrucksenkenden Eigenschaften der Pflanze werden durch die Alkaloide der Pflanze hervorgerufen.

**Therapiemaßnahmen:** Vergiftungen durch den Mauerpfeffer sind bei Mensch und Tier sehr selten. Gegebenenfalls gibt man Aktivkohle, oder es müssen kreislauf- und atmungstützende Maßnahmen durch den Arzt erfolgen.

**Geschichtliches:** Die Pflanze wurde früher in der Volksheilkunde als Wundheilmittel, bei Verbrennungen sowie als blutdrucksenkendes Mittel eingesetzt. Später benutzte man sie noch in homöopathischen Präparaten insbesondere gegen Hämorrhoiden und Analfissuren. Vor der zuweilen üblichen Verwendung des sehr jungen Krautes als Salatwürze ist zu warnen.

# KORALLENBÄUMCHEN, Korallenkirsche

**Familie:** Nachtschattengewächse (Solanaceae)

**Name:** Herkunft des Gattungsnamens s. *S. dulcamara*. Die Artbezeichnung *capsicastrum* weist auf das bestimmten Paprikasorten ähnliche Aussehen der Früchte hin. Auch die deutschen Bezeichnungen für die Pflanze beziehen sich auf die korallenfarbenen, kirschähnlichen Früchte.

**Beschreibung:** Die in Mitteleuropa als Topfpflanze kultivierte Pflanze bildet etwa 25-30 cm hohe Büsche mit kahlen, grünen Ästen und länglich-lanzettlichen, ganzrandigen oder leicht ausgeschweiften Blättern. Die etwa 12 mm breiten, radförmigen, nickenden, meist weißen, mitunter auch lilafarbenen Blüten stehen einzeln oder zu zweit. Die etwa 1-2 cm großen, glänzenden, korallenfarbenen, selten violetten, meist kugligen Beerenfrüchte enthalten zahlreiche weiße, flach-nierenförmige, etwa 4 mm große Samen und bilden einen wirkungsvollen Kontrast zu dem dunkelgrünen, zierlichen Laub.

**Blütezeit:** Juni bis August.

**Vorkommen und Verbreitung:** Die im tropischen Amerika, besonders in Südbrasilien, heimische Pflanze wird wegen der leuchtenden Beeren, u. a. in Mitteleuropa in verschiedenen Formen als Topfpflanze gezogen. Meist handelt es sich dabei um die Sorte ›New Paterson‹, die Gartenhybride aus *S. capsicastrum* und *S. hendersonii*.

**Toxische Bestandteile:** In allen Pflanzenteilen sind Steroidalkaloide mit Solanocapsin als Hauptalkaloid enthalten. Solanocapsin liegt nicht glycosidisch gebunden in der Pflanze vor. Im Kraut konnten bis 1,4% Alkaloide nachgewiesen werden.

**Vergiftungssymptome:** Vergiftungen äußern sich zunächst durch Übelkeit, Leibschmerzen, Pupillenerweiterung und Schläfrigkeit sowie Kreislaufbeschwerden. In extremen Fällen kann es zu Atemlähmung kommen.

Die Pflanze ist häufig Gegenstand toxikologischer Beratungsfälle, da Kinder gern die schön glänzenden, attraktiv aussehenden Früchte probieren. Während in der älteren Literatur auch über Todesfälle nach Genuß von 3-5 Beeren berichtet wird, sind in neuerer Zeit keine ernsthaften Vergiftungen bekanntgeworden.

**Therapiemaßnahmen:** Nach Einnahme größerer Mengen muß Magenspülung mit Aktivkohle durchgeführt werden, falls kein spontanes Erbrechen eingesetzt hat. Sonst wird für Flüssigkeitszufuhr und Gaben von Aktivkohle gesorgt. Gegebenenfalls ist stationäre Behandlung erforderlich.

**Geschichtliches:** Den auf der Insel Madeira heimischen Korallenstrauch, *Solanum pseudocapsicum* L., der häufig mit *S. capsicastrum* verwechselt wird, kultiviert man heute wegen seiner Größe (0,5-1,0 m) und auch einiger dekorativer Mängel nicht mehr als Zierpflanze.

# BITTERSÜSSER NACHTSCHATTEN

**Familie:** Nachtschattengewächse (Solanaceae)

**Name:** Die Herkunft des Gattungsnamens, der bereits bei Plinius vorkommt, könnte auf *solare,* lat. = einen Sonnenstich verursachend, also zentrale Erscheinungen auslösend, zurückzuführen sein oder auch von *solamen,* lat. = Trost bzw. *solari,* lat. = Linderung abzuleiten sein. Der Artname *dulcamara* setzt sich aus *dulcis,* lat. = süß und *amarus,* lat. = bitter zusammen und weist auf den anfangs süßen, danach bitteren Geschmack der Stengelteile hin, wie er auch in der deutschen Bezeichnung zum Ausdruck kommt.

**Beschreibung:** Die ausdauernde, bis zu 2 m hohe Pflanze besitzt einen kletternden, unten verholzten Stengel. Während die jungen krautigen Teile der Sproßachse stielrund oder von Furchen schräg umlaufen sind, weisen die älteren, innen hohlen Teile Furchen oder Kanten auf. Die gestielten, eiförmig-lanzettlichen, ganzrandigen Blätter haben am Grunde 2 abgetrennte Lappen. Die Blüten mit 5spaltiger, meist violetter, flach ausgebreiteter, etwa 1 cm breiter Blumenkrone stehen in rispenartigen, überhängenden Wickeln. Auffallend sind die zu einer goldgelben Röhre verwachsenen Staubblätter. Die Frucht ist eine herabhängende, eiförmige, scharlachrote, vielsamige Beere.

**Blütezeit:** Juni bis August.

**Vorkommen und Verbreitung:** In Europa und Asien besonders in feuchten Gebüschen, an Zäunen, in Auenwäldern, im Schilfsaum der Gewässer anzutreffen.

**Toxische Bestandteile:** Sämtliche Teile der Pflanze enthalten einen Komplex von Steroidsaponinen und sogenannte Steroidalkaloide (Solanine). Der Gehalt dieser Stoffe schwankt in den oberirdischen Organen zwischen 0,3 und 3,0% und liegt in den Wurzeln hei 1,4%. In den Früchten nimmt während des Reifungsprozesses der Gehalt an Steroidalkaloiden fortlaufend, aber nicht vollständig ab.

**Vergiftungssymptome:** Vergiftungen kommen besonders bei Kindern durch Verzehr der Beeren vor. Während bei ausgereiften Früchten im allgemeinen erst ab 10 Beeren Vergiftungssymptome zu erwarten sind, können diese bei unausgereiften schon beim Verzehr von wenigen Früchten auftreten. Vorherrschend sind dabei Kratzen in Mund und Rachen, Erbrechen, starke Reizerscheinungen im Magen-Darm-Bereich, Durchfall, Kopfschmerzen, z.T. auch Fieber. In schweren Fällen kommt es zu Lähmungen und Tod durch Atemlähmung.

**Therapiemaßnahmen:** Die Behandlung kann nur symptomatisch durchgeführt werden. Auslösen von Erbrechen, wenn dieses nicht spontan einsetzt, Magenspülung mit Zusatz von Aktivkohle und weitere Maßnahmen, wie Elektrolyt- und Flüssigkeitsersatz sowie den Kreislauf und die Atmung unterstützende Maßnahmen, müssen durch den Arzt erfolgen.

**Geschichtliches:** Die Stengelteile des Bittersüßen Nachtschattens (Stipites Dulcamarae) wurden früher in therapeutischen Dosen bei Hautleiden angewendet. In der Volksheilkunde diente die Droge ferner als Blutreinigungsmittel.

# EBERESCHE · Vogelbeere

**Familie:** Rosengewächse (Rosaceae)

**Name:** Die Herkunft des Namens kann von *Sorbus* = der Sorbe (nach dem slawischen Volk) oder von *sorbet*, arab. = Getränk aus dem Saft des Baumes stammen. Der Artname *aucuparia* bedeutet zum Vogelfang dienend, daher auch Vogelbeere.

**Beschreibung:** Der mittelgroße, 3-15 m hohe Baum oder Strauch bildet eine lockere Krone aus. Die gelblichgraue, glatte und glänzende Stammrinde entwickelt sich erst im hohen Alter zur schwärzlichgrauen, längsrissigen Borke. Die zusammengesetzten, unpaarig gefiederten Blätter mit 9-15 fein gezähnten, spitzen Fiederblättchen weisen eine rote Herbstfärbung auf. Die weißen Blüten riechen wenig angenehm und stehen in reichblütigen Schirmrispen. Die ab August reifenden, büschlig stehenden Früchte sind erbsengroß, kuglig, scharlachrot und enthalten meist 3 länglich-spitze, rötliche Kerne.

**Blütezeit:** Mai bis Juni.

**Vorkommen und Verbreitung:** In nahezu ganz Europa auf trockenen, mageren Böden auch noch in höheren Gebirgslagen vorkommend. Als Zierbaum, häufig als Straßenbaum angepflanzt.

**Toxische Bestandteile:** Die Früchte enthalten neben verschiedenen Fruchtsäuren und Zuckern die sogenannte Parasorbinsäure, ein chemisch ungesättigtes Lakton, in Mengen von 0,02-0,3%. Außerdem sind in den Samen Spuren von Amygdalin, einem blausäureabspaltenden Glycosid, vorhanden, das aber wegen des geringen Vorkommens keine Giftwirkung hervorruft.

**Vergiftungssymptome:** Vergiftungen werden durch die Parasorbinsäure ausgelöst, die starke örtliche Reizwirkung, z. B. auf die Schleimhäute von Magen und Darm, besitzt, was mit Speichelfluß, Erbrechen, mehr oder weniger schweren Verdauungsstörungen sowie Entzündungen der Nieren verbunden sein kann. In hohen Dosen soll die Parasorbinsäure auch eine krebsauslösende Wirkung haben. Beim Trocknen der Früchte oder beim Kochprozeß wird die Parasorbinsäure zerstört, so daß Vergiftungsgefahr nur durch die frischen Früchte besteht, gekochte werden zu Marmeladen, Kompott u. a. verwendet. Schwere Vergiftungsfälle durch Genuß frischer Vogelbeeren sind aber in neuerer Zeit nicht bekanntgeworden.

**Therapiemaßnahmen:** Bei auftretenden Magen-Darm-Erkrankungen gibt man in der Regel reichlich Flüssigkeit mit Aktivkohle sowie schleimhaltige Zubereitungen. Nach Einnahme größerer Mengen ist Magenspülung durch den Arzt erforderlich. Vergiftungsfälle kommen vornehmlich bei Kindern vor, die von den frischen Beeren probieren, weil sie durch ihr Aussehen zum Verzehr verlocken.

**Geschichtliches:** Ebereschenfrüchte dienten früher zur Gewinnung von Sorbit, einem Zuckeralkohol, der u. a. als Zuckerersatz für Diabetikerpräparate, als Abführmittel und als Rohstoff zur Vitamin-C-Synthese Verwendung findet. In der Volksheilkunde dienten die getrockneten Früchte auch als Stopfmittel.

# SCHNEEBEERE, Knallerbse

| | |
|---|---|
| **Familie:** | Geißblattgewächse (Caprifoliaceae) |
| **Name:** | Der Gattungsname leitet sich von *symphorein*, griech. = zusammentragen und *karpos* = Frucht ab, da die Früchte dicht beieinander »zusammengetragen«, stehen. Die Art wird jetzt auch als *S. rivularis* Suksd bezeichnet. Die deutsche Bezeichnung Schneebeere geht auf die weiße (*albus*) Frucht zurück. Die deutschen Namen Knallerbse oder Knackbeere rühren von der bei Kindern beliebten Anwendung als Wurfgeschosse her, da die Beeren beim Auftreffen auf den Boden oder beim Drauftreten unter leichtem Knall platzen. |
| **Beschreibung:** | Der 1-2 m hohe Strauch bildet rutenförmige Zweige aus. Die kurzgestielten, gegenständigen, eiförmig bis rundlichen sowie ganzrandigen Blätter sind an den Langtrieben leicht buchtig gelappt und unterseits blaugrün. Die kleinen, weißrötlichen, 5zähnigen Blüten mit innen dicht behaarter Blumenkrone stehen einzeln oder in kurzen, unterbrochenen Ähren. Die von August bis November reifenden Früchte sind kuglig-weiße, etwa 1-1,5 cm große Beeren mit einer kleinen, schwarzen Kelchnarbe und 2 kleinen Kernen in ihrem weißlich-saftigen Fruchtfleisch. |
| **Blütezeit:** | Juni bis August. |
| **Vorkommen und Verbreitung:** | Die in Nordamerika beheimatete Art ist in Europa als Zierstrauch weit verbreitet und vielfach auch verwildert. |
| **Toxische Bestandteile:** | Obwohl zahlreiche Verbindungen, u.a. die Triterpene Ursol- und Oleanolsäure, in den Früchten nachgewiesen wurden, ist das toxische Prinzip bisher noch nicht bekannt. |
| **Vergiftungssymptome:** | Ernste Vergiftungsfälle durch Verzehr von Schneebeeren vor allem durch Kinder wurden in unserem Jahrhundert nicht registriert. Allgemein gelten 3-4 Beeren noch als gefahrlos. Beim Verzehr größerer Mengen ist jedoch durch Reizung der Schleimhäute mit Erbrechen und Leibschmerzen zu rechnen. Auch Hautentzündungen sind möglich, wenn der Saft der zerquetschten Beeren auf die Haut einwirken kann. |
| **Therapiemaßnahmen:** | Im allgemeinen sind Gaben von schleimhaltigen Zubereitungen, gegebenenfalls mit Zusatz von Aktivkohle, ausreichend. Bei Einnahme großer Mengen müssen allerdings Magenspülung sowie kreislaufunterstützende Maßnahmen durch den Arzt erfolgen. |
| **Geschichtliches:** | Die Schneebeere diente früher auch als Arzneipflanze. Es wurden die Wurzel, die Rinde und die Beere verwendet. Besonders letztere diente als Brech- und Abführmittel sowie als Wundheilmittel. |

# GEMEINE SCHMERWURZ

**Familie:** Yamswurzelgewächse (Dioscoreaceae)

**Name:** *Tamus* war der lateinische Pflanzenname für eine Schlingpflanze und wurde Ende des 17. Jahrhunderts auf diese Gattung übertragen. Die deutschen Bezeichnungen Feuerwurzel, Schmerwurz oder- Schmerzwurz rühren von der Propagierung der Droge als schmerzlinderndes Allheilmittel her.

**Beschreibung:** Die ausdauernde Pflanze treibt aus einem kräftigen, knolligen Rhizom einen etwa 1,5-3,0 m hohen, windenden Stengel. Die langgestielten, wechselständig angeordneten Blätter sind herz- bis pfeilförmig zugespitzt und bogennervig. Die männlichen Blüten der zweihäusigen Pflanze bilden eine glockige Röhre und stehen in reichblütigen Rispen, die weiblichen, fast bis zum Grunde freiblättrigen bilden Trauben. Die reif scharlachroten, 3fächrigen Beerenfrüchte enthalten etwa 3-5 Samen.

**Blütezeit:** Mai bis Juni.

**Vorkommen und Verbreitung:** In Laubwäldern und Gebüschen insbesondere in Westeuropa und im Mittelmeergebiet vorkommend.

**Toxische Bestandteile:** Die Pflanze enthält u. a. einen histaminähnlichen Stoff, Saponine, Phenanthrenverbindungen und Calciumoxalatnadeln. Obwohl das toxische Prinzip der Pflanze nicht mit Sicherheit bekannt ist, wird der histaminähnliche Inhaltsstoff dafür verantwortlich gemacht. Die in den Früchten zahlreich enthaltenen Calciumoxalatnadeln können dabei durch Verletzung der intakten Schleimhaut das Eindringen dieses Reizstoffes begünstigen.

**Vergiftungssymptome:** Die Vergiftungserscheinungen sind je nach eingenommener Menge (auch Standort der Pflanze und Reifegrad der Früchte können unterschiedliche Wirkstoffkonzentrationen bedingen) mehr oder weniger stark ausgeprägt. Wenige Früchte führen nur zu starker Reizung der Schleimhäute mit Brennen im Mund und Brechreiz, evtl. auch zu Durchfall. In größeren Mengen eingenommen, können sie Lähmungserscheinungen der unteren Extremitäten hervorrufen. Tödliche Vergiftungen durch Schmerwurz werden nur in der älteren Literatur beschrieben. Bei hautempfindlichen Personen kann der Umgang mit der Pflanze zu starker Reizung mit Blasenbildung führen.

**Therapiemaßnahmen:** Bei innerlicher Vergiftung ist Magen-Darm-Entleerung durch Erbrechen, Verabreichung von Aufschwemmungen mit Aktivkohle sowie von Natriumsulfatlösung durchzuführen, danach werden schleimhaltige Zubereitungen gegeben. Bei Einnahme größerer Mengen muß die Behandlung durch den Arzt erfolgen. Auch sollte bei auftretenden Hautentzündungen der Hautarzt konsultiert werden.

**Geschichtliches:** Das frische Rhizom diente früher in der Volksheilkunde als nicht ungefährliches durchblutungsförderndes Einreibemittel bei Rheuma und Prellungen. Man bezeichnete es auch als Feuerwurzel, weil angeblich Kopf-, Zahn- oder Ohrenschmerzen schon 2-3 Minuten nach der Anwendung verschwinden sollten.

# RAINFARN

**Familie:** Korbblütengewächse (Asteraceae)

**Name:** Der Gattungsname *Tanacetum* stellt den mittelalterlichen lateinischen Pflanzennamen dar. Die deutsche Bezeichnung kennzeichnet das Vorkommen besonders an Feldrainen bzw. die gefiederten, an Farne erinnernden Blätter.

**Beschreibung:** Die ausdauernde, 0,60-1,20 m hohe Pflanze besitzt eine vielköpfige Wurzel, der meist mehrere steif aufrechte, kantige, z.T. braunrot überlaufene, nur im oberen Teil verzweigte Stengel entspringen. Die meist doppelt gefiederten, bis zu 25 cm langen Blätter sind in der Regel feindrüsig punktiert. Die zahlreichen halbkugelförmigen, etwa bis 1 cm breiten Blütenköpfe bestehen aus röhrigen, goldgelben, zwittrigen Scheibenblüten und (mitunter auch fehlenden) oben 3zähnigen weiblichen Randblüten. Die Blütenköpfchen stehen in einer Schirmrispe am Ende des Stengels. Besonders die Blüten riechen eigenartig aromatisch und schmecken unangenehm bitter. Die verkehrt-eiförmigen, 1,5 mm langen Früchte tragen eine kleine Krone zur Windverbreitung.

**Blütezeit:** Juli bis September.

**Vorkommen und Verbreitung:** Auf staudenreichen Unkrautfluren, an Wegen, auf Schuttplätzen in nahezu ganz Europa und Asien anzutreffen.

**Toxische Bestandteile:** Die Pflanze enthält ätherisches Öl mit Thujon als einer Hauptkomponente sowie sogenannte Sesquiterpenlactone, u.a. Tanacetin. Im Kraut sind bis etwa 0,8%, in den Blüten bis etwa 1,5% ätherisches Öl enthalten, wobei Zusammensetzung und Menge, abhängig vom Standort und jeweiligen Chemotyp, sehr schwanken können.

**Vergiftungssymptome:** Vergiftungen waren in früherer Zeit nicht selten, als die Droge unsachgemäß in der Volksheilkunde als Wurmmittel oder mißbräuchlich auch als Abtreibungsmittel verwendet wurde. Als Symptome treten Magen-Darm-Entzündungen, epileptische Krämpfe, Herzrhythmusstörungen, Sehstörungen sowie Leber- und Nierenschädigung auf. Der Tod kann wenige Stunden nach Einnahme durch Kreislaufversagen und Atemstillstand oder durch die genannten Organschäden eintreten. Auch Gelbsucht als Nebenwirkung einer Therapie mit Rainfarn wurde beobachtet. Möglich sind schließlich Allergien durch Rainfarn, die vermutlich von den Sesquiterpenlactonen ausgelöst werden. Vor Verwendung der Pflanze als Wurmmittel ist zu warnen.

**Therapiemaßnahmen:** Als Erste-Hilfe-Maßnahmen ist Erbrechen auszulösen, ferner Magenspülung mit Aktivkohle durchzuführen, später sind Abführmittel mit Aktivkohle zu geben; danach erfolgt reichlich Flüssigkeitszufuhr, auch in Form von Schleimzubereitungen. Die weitere symptomatische Behandlung evtl. auftretender Krämpfe bzw. Atemstörungen muß durch den Arzt meist stationär erfolgen.

**Geschichtliches:** Früher wurde das Kraut nicht nur als Wurmmittel, sondern auch gegen unregelmäßige Menstruation verwendet.

# EIBE

**Familie:** Eibengewächse (Taxaceae)

**Name:** *Taxus* von *taxos*, griech. = Bezeichnung bei Dioskurides für den Baum, *baccata*, lat. = beerentragend.

**Beschreibung:** Immergrüner, zweihäusiger Strauch oder Baum mit gescheitelten, oberseits dunkelgrünen, unterseits hellgrünen Nadeln und zunächst rostbrauner, später graubrauner Rinde. Die männlichen Blüten bilden kleine, kuglige Kätzchen. Die einzeln stehenden weiblichen Blüten sind unscheinbar und weisen nur eine Samenanlage auf, die sich zu einem schwarzbraunen Samen entwickelt. Dieser ist zunächst von einem grünen, später einem auffallend roten, fleischigen Samenmantel (Arillus) umgeben.

**Blütezeit:** März bis April.

**Vorkommen und Verbreitung:** Vor allem in Laubwäldern, teilweise als Unterholz in Nadel- und Laubwäldern bevorzugt auf kalkhaltigen Böden in Europa und im südwestlichen Asien vorkommend. In verschiedenen Sorten auch als Zierpflanzen angepflanzt.

**Toxische Bestandteile:** Sämtliche Teile der Pflanze mit Ausnahme des roten Samenmantels enthalten toxische Stoffe, sogenannte Taxanderivate. Der alkaloidartige Gesamtkomplex dieser Stoffe wird als Taxin bezeichnet, von dem u. a. die Taxine A, B und C strukturell bekannt sind.

**Vergiftungssymptome:** Extrakte von Eibenblättern bewirken starke Reizwirkungen des Magen-Darm-Traktes sowie Nierenschädigungen und führen zur Lähmung der Herzmuskulatur und Atmung. Gefährdet sind Kinder, wenn sie Eibenzweige oder die Samen einschließlich Arillus kauen. Schluckt man die Samen unzerkaut, kommt es selten zu ernsthaften Vergiftungen, da der Arillus keine giftigen Bestandteile enthält. Ein Auszug aus lediglich 50-100 Nadeln gilt für einen Menschen bereits als tödlich. Derartige Todesfälle sind bei Verwendung von Eibennadeln als Selbstmordgift bekannt.
Die Vergiftungserscheinungen durch Taxin beginnen etwa eine Stunde nach der Einnahme mit Übelkeit, Erbrechen, Schwindel, Leibschmerzen, es stellen sich Bewußtlosigkeit, Pupillenerweiterung, Rotfärbung der Lippen und Herzfrequenzbeschleunigung ein. Danach kommt es zu Pulsverlangsamung, Blutdruckabfall und schließlich zum Tod durch Atemlähmung.
Gefährdet sind auch Tiere, insbesondere Pferde, wenn sie die Zweige fressen.

**Therapiemaßnahmen:** Auslösen von Erbrechen und Gaben von Aktivkohle als Erste-Hilfe-Maßnahmen bzw. Magenspülung durch den Arzt, die auch noch Stunden nach der Einnahme noch sinnvoll sein kann. Die weitere Behandlung muß symptomatisch in der Klinik erfolgen.

**Geschichtliches:** Die Eibe, früher als Holzgewächs vor allem an Burgbefestigungen angepflanzt, spielte schon im Altertum im Totenkult eine wichtige Rolle (Todesbaum). Sie sollte vor Dämonen und Blitz schützen. Man benutzte Eibennadeln aber nicht selten für Morde und Selbstmorde. Auch dienten Extrakte aus Eibennadeln früher als Pfeilgifte.

# ABENDLÄNDISCHER LEBENSBAUM

**Familie:** Zypressengewächse (Cupressaceae)

**Name:** Der Gattungsname leitet sich von *thya*, dem griechischen Namen für einen nordafrikanischen Baum mit wohlriechendem Holz, ab, der später zuerst auf den Abendländischen Lebensbaum übertragen wurde, (*occidentalis* = abendländisch). Die Bezeichnung Lebensbaum prägte man wegen der immergrünen Zweige.

**Beschreibung:** Der immergrüne, strauchartige, mehrstämmige Baum mit graubrauner Rinde weist häufig eine kugelförmige Krone und ausgebreitete, oberseits dunkel- und unterseits hellgrüne Zweige auf. Die flächenständigen, schuppenförmigen Blätter haben oberseits längliche Drüsenhöcker. Beim Zerreiben entwickeln sie einen stark aromatischen Duft. Die männlichen Blüten sind kuglig, die weiblichen bilden einen bis zu 1 cm langen, zunächst grünen, aufrechten, später hellbraunen, nickenden Zapfen. Die Zapfenschuppen sitzen in 4-5 Paaren dachziegelartig ineinander, wobei das zweite und dritte Paar größer und fruchtbarer sind. Die Reife der Früchte erfolgt im ersten Jahr, sie entlassen geflügelte Samen.

**Blütezeit:** April bis Mai.

**Vorkommen und Verbreitung:** In Nordamerika beheimatet, in Europa vielfach als Ziergehölz in Gärten, Parks und auf Friedhöfen angepflanzt. Wenig empfindlich gegen Dürre, Hitze und Kälte.

**Toxische Bestandteile:** Die Pflanze enthält bis zu etwa 1% ätherisches Öl, das besonders in den schuppenförmigen Blättern angereichert ist und vornehmlich aus bicyclischen Monoterpenen mit der Hauptkomponente Thujon besteht.

**Vergiftungssymptome:** Die Giftwirkung der Pflanze beruht auf dem Gehalt an Thujon. Nach Einnahme der Droge kommt es zu schweren Reizwirkungen im Magen-Darm-Trakt, verbunden mit lang anhaltenden Krämpfen, Bewußtlosigkeit und degenerativen Schädigungen von Leber, Niere sowie der Magenschleimhaut. Äußere Einwirkungen, z.B. durch wiederholte Berührung mit der Pflanze beim Beschneiden von Lebensbäumen, können zu schweren Hautreizungen führen.

**Therapiemaßnahmen:** Außer Auslösen von Erbrechen als Erste-Hilfe-Maßnahme ist primär die Giftentfernung durch Magenspülen mit Aktivkohle durch den Arzt erforderlich, ferner gibt man Abführmittel, und es erfolgt Flüssigkeitsersatz. Bei der Aufnahme größerer Mengen muß die weitere Behandlung, u.a. durch Maßnahmen gegen auftretende Krämpfe sowie zur Unterstützung der Atmung, stationär erfolgen. Ebenso sollte bei auftretenden Hauterkrankungen durch äußere Einwirkung der Hautarzt konsultiert werden.

**Geschichtliches:** Die Zweigspitzen des Baumes (Summitates Thujae) wurden früher in der Volksheilkunde äußerlich als Einreibung gegen Rheuma und Erkältungskrankheiten, innerlich als Wurmmittel und mißbräuchlich als Abtreibungsmittel angewendet. Letztere Verwendung verlief nicht selten tödlich. Vor der arzneilichen Anwendung der Droge muß gewarnt werden.

# ECHTER GIFTSUMACH

| | |
|---|---|
| **Familie:** | Sumachgewächse (Anacardiaceae) |
| **Name:** | Der bisherige Gattungsname *Rhus* leitet sich vermutlich von *rheein*, griech. = fließen ab (wegen der saftigen Rinde). *Toxicodendron* (Giftbaum) stammt von *toxikon*, griech. = Gift und *dendron*, griech. = Baum. Man faßt heute alle giftigen Anacardiaceen in der Gattung *Toxicodendron* zusammen, während die Gattung *Rhus* nur nichtgiftige Pflanzen enthält. *Rhus toxicodendron* L. ist daher der frühere Name für die Pflanze. |
| **Beschreibung:** | Der anfangs niederliegende Strauch rankt später an Bäumen und Sträuchern empor und breitet sich aus. An den dünnen, anfangs grünen und weich behaarten, später braunen und kahlen Zweigen sitzen 3zählige, langgestielte Blätter mit am Grunde rinnenförmigen Blattstielen. Die grünlichweißen Blüten der zweihäusigen Pflanze stehen in Rispen in den Achseln der Blätter, wobei die männlichen Staubblüten in längeren, schlaffen und die weiblichen Fruchtblüten in kürzeren, gedrängten Rispen angeordnet sind. Die Frucht ist eine einsteinige, fast kuglige, trockene, gelbliche Steinbeere. |
| **Blütezeit:** | Juni bis Juli. |
| **Vorkommen und Verbreitung:** | In Nordamerika beheimatet, ist er als Zierstrauch weitgehend auf botanische Gärten beschränkt, vereinzelt aber auch verwildert anzutreffen. |
| **Toxische Bestandteile:** | Die Pflanze enthält eine milchsaftartige Emulsion mit hochallergenen phenolischen Verbindungen, den sogenannten Urushiolen. Diese sind Brenzkatechinderivate mit z.T. mehrfach ungesättigter Seitenkette. |
| **Vergiftungs-symptome:** | Bei Verletzung des pflanzlichen Gewebes, die bereits bei Berührung der Blätter erfolgt, kommt es zunächst zu einer Sensibilisierung der jeweiligen Person. Beim nächsten Kontakt erfolgt innerhalb von 2-5 Tagen eine Rötung der betreffenden Körperstellen mit Erythemen und Bildung von Bläschen, die eine klare Flüssigkeit enthalten. Diese Symptome werden von starkem Juckreiz, u.U. mit Fieber, begleitet. Eine solche Hautentzündung (Dermatitis) benötigt zum Abheilen Monate. Wenn das Gift in die Augen gelangt, kommt es zu schweren Hornhautschädigungen. Eine innerliche Einnahme ist mit Übelkeit, Erbrechen, blutigem Durchfall und schweren Nierenschäden verbunden. |
| **Therapie-maßnahmen:** | Durch sofortiges intensives Waschen der betroffenen Hautstellen mit Seife kann eine Dermatitis vermieden werden. Wegen der langen Karenzzeit zwischen Giftaufnahme und dem Auftreten der Vergiftungssymptome ist dann nur noch symptomatische Behandlung durch den Arzt möglich. |
| **Geschichtliches:** | Die einstige Zuordnung zur Gattung *Rhus* mag wohl der Grund sein, weshalb der als Zierstrauch beliebte Essigbaum oder Hirschkolbensumach (*Rhus typhina*) mit seinen unpaarig gefiederten Blättern und kolbenartigen, filzig behaarten Fruchtständen unberechtigterweise den Giftpflanzen zugeordnet wird. |

# RAUSCHBEERE, Moorbeere

**Familie:** Heidekrautgewächse (Ericaceae)

**Name:** Der Gattungsname geht vermutlich auf *baccinium*, lat. = Beerenstrauch (*bacca* = Beere) wegen der Beerenfrucht zurück; *uliginosum* (*uligo, uliginis*, lat. = Moor) deutet wie die deutsche Bezeichnung Moorbeere oder Moorheidelbeere auf den bevorzugten Standort, Sumpf- bzw. Moorgebiete, hin. Die angeblich rauscherzeugende Wirkung der Früchte kommt in den Bezeichnungen Rauschbeere oder auch Trunkelbeere zum Ausdruck.

**Beschreibung:** Der kleine Strauch mit braunen, runden Zweigen ähnelt der Heidelbeere, wird jedoch höher (0,30-1,00 m) und in allen Teilen größer. Die wechselständig angeordneten, kurzgestielten, verkehrt eiförmigen bis elliptischen, ganzrandigen Blätter sind am Rande häufig etwas umgebogen und besonders auf der Unterseite blaugrün. Die kleinen, weißen bis rötlichen Blüten mit 4 oder 5 Zipfeln hängen zu 1-4 in den oberen Blattwinkeln. Die vielsamigen Beerenfrüchte sind größer als Heidelbeeren, kuglig oder birnenförmig, blaubereift und enthalten einen farblosen Saft mit fadem Geschmack. Im Gegensatz dazu haben Heidelbeeren einen dunkelblauen Saft.

**Blütezeit:** Mai bis Juli.

**Vorkommen und Verbreitung:** Auf sauren, sumpfigen Torfmooren, Hochgebirgsheiden und moorigen Wäldern der gesamten nördlichen Hemisphäre vorkommend.

**Toxische Bestandteile:** Das angeblich rauscherzeugende Prinzip der Moorbeere konnte bisher nicht identizifiert werden. Die in den Früchten nachgewiesenen Zucker, Fruchtsäuren und Vitamine stimmen in der mengenmäßigen Zusammensetzung etwa mit denen der Heidel- und Preiselbeere, die zur gleichen Gattung gehören, überein. Da in den Beeren manchmal ein Pilz (*Sclerotinia megalospora*) schmarotzt, ist nicht auszuschließen, daß dieser für die Giftwirkung verantwortlich sein könnte.

**Vergiftungssymptome:** Beim Verzehr der Beeren kommt es mitunter zu rauschartigen Erregungen, Erbrechen, Schwindel, Hitzegefühl im Kopf, Sehstörungen und Schlucklähmungen. Allerdings wurde auch beobachtet, daß diese Erscheinungen nicht immer auftraten. Dadurch wird die Vermutung bestärkt, daß möglicherweise der schmarotzende Pilz bzw. sein Stoffwechselprodukt für diese ungewöhnlichen Wirkungen verantwortlich ist und sie nur auftreten, wenn die Beeren von dem Pilz befallen sind.

**Therapiemaßnahmen:** Eine Behandlung dürfte in der Regel nicht erforderlich sein. Nur bei Aufnahme größerer Mengen sollten Magenspülung mit Aktivkohle sowie weitere symptomatische Maßnahmen durch den Arzt erfolgen.

# WEISSER GERMER

**Familie:** Liliengewächse (Liliaceae)

**Name:** Germer wird entsprechend früherer Anwendung auch als Nieswurz oder Lauskraut bezeichnet. Von *veratrum* ist die Bedeutung unklar.

**Beschreibung:** Die etwa 0,5-1,5 m hohe Staude bildet ein knolliges Rhizom aus. Der aufrechte, kräftige Stengel ist besonders oberwärts behaart. Die ihn am Grunde umfassenden, wechselständig angeordneten, unterseits flaumig behaarten, oberseits kahlen Blätter sind breit-elliptisch, längsfaltig und werden nach oben schmaler. Den Blütenstand bildet eine aus vielblütigen Trauben zusammengesetzte Rispe. Die kurzgestielten, weißen oder gelblichgrünen Einzelblüten entspringen in der Achsel eines kleinen Tragblattes und besitzen eine 6blättrige Blütenhülle. Die unteren Blüten sind zwittrig, die oberen meist männlich. Die Früchte stellen vielsamige Kapseln dar.

**Blütezeit:** Juni bis August.

**Vorkommen und Verbreitung:** Pflanzenart alpiner Gebirgswiesen Mittel- und Südeuropas sowie Asiens.

**Toxische Bestandteile:** Sämtliche Teile der Pflanze enthalten strukturell sehr kompliziert gebaute Steroidalkaloide mit teilweiser Esterstruktur. Der höchste Gehalt an Alkaloiden kommt in den unterirdischen Organen (Rhizom und Wurzeln) vor, die etwa 1-2,5% enthalten. Die höchste Toxizität innerhalb des Alkaloidkomplexes haben die sauerstoffhaltigen Verbindungen. Die letale Dosis des Alkaloidgemisches beträgt für den Menschen 10-20 mg, das entspricht etwa 1-2 g der Wurzeldroge.

**Vergiftungssymptome:** Veratrum-Alkaloide werden sowohl über die Schleimhäute als über die intakte Haut schnell resorbiert, und bald danach machen sich auch die ersten Vergiftungserscheinungen bemerkbar. Hierzu gehören Niesreiz (Nieswurz), Tränen- und Speichelfluß, Brennen und Kribbeln in Mund und Rachen, Übelkeit, Erbrechen, Leibschmerzen und Durchfall. Die anfänglichen Schleimhautreizungen gehen in das Gefühl des »Taub- und Pelzigseins« über und breiten sich später auf die gesamte Körperfläche aus. Sie ähneln den Symptomen der Vergiftung durch Aconitin (s. Blauer Eisenhut S. 14). Weitere Vergiftungserscheinungen betreffen das Herz-Kreislauf-System. Bei tödlichem Verlauf kommt es zu Herzstillstand oder Atemlähmung.

Die Rhizomdroge diente als Ausgangsmaterial zur Gewinnung der Alkaloide für blutdrucksenkende Arzneimittel. Man verwendete sie auch äußerlich als Mittel gegen Hautparasiten. Wegen der geringen therapeutischen Breite bestand die Gefahr der Überdosierung.

**Therapiemaßnahmen:** Neben der Giftentfernung durch Auslösen von Erbrechen, Gaben von Aktivkohle bzw. Magenspülung sind kreislaufstützende Maßnahmen, Wärmezufuhr, Ruhe und erforderlichenfalls künstliche Beatmung wichtig. Die Behandlung muß unter ärztlicher Kontrolle möglichst in der Klinik erfolgen.

**Geschichtliches:** *Veratrum*-Arten dienten bereits im Altertum als Heilpflanzen, u.a. als Brech-, Nies- und Abführmittel.

# WOLLIGER SCHNEEBALL

**Familie:** Geißblattgewächse (Caprifoliaceae)

**Name:** Die Herkunft des wissenschaftlichen Namens ist nicht gesichert. Vermutlich liegt ein altrömischer Name der Pflanze, abgeleitet von *vimen*, lat. = Weidenrute, Flechtwerk, zugrunde. Außer als Schneeball – wegen der Form ihrer Blütenstände – wird die Pflanze auch als Schlinge, Schwindelbeere, Schießbeerstrauch oder kleiner Mehlbaum bezeichnet.

**Beschreibung:** Der etwa 1-3 m hohe, rasch wachsende Strauch hat eine rauhe, später längsrissige, graubraune Rinde. Die gestielten, gegenständig angeordneten, eiförmigen, an der Spitze stumpfen Blätter mit gezähnt-gesägtem Rand sind runzlig und auf der Unterseite sowie am Stiel graufilzig behaart. Die zahlreichen weißen, 5zähligen, angenehm riechenden, zwittrigen, am Grunde verwachsenen Blüten stehen in schirmförmigen Blütenständen. Die eiförmigen, etwas flachgedrückten, 6-9 mm langen, meist aufrecht stehenden, zunächst roten Steinbeeren werden dann schwarz. Sie haben einen süßlich-faden Geschmack, man kann sie jedoch kaum genießen.

**Blütezeit:** April bis Juni.

**Vorkommen und Verbreitung:** Die kalkliebende Pflanze kommt in wärmeliebenden Gebüschen und Wäldern vor allem Mittel- und Südeuropas vor. Sie wird auch als Zierstrauch angepflanzt. Da die Blütenstände aber nicht so auffällig wie die des Gemeinen Schneeballs sind, ist die Pflanze in Gärten selten zu finden.

**Toxische Bestandteile:** Das toxische Prinzip ist bis heute noch nicht bekannt. Die bisher in der Pflanze nachgewiesenen Inhaltsstoffe (Phenolglycoside, Cumarine, Diterpene) lassen keine Giftwirkung erkennen.

**Vergiftungssymptome:** Der Verzehr der Beeren führte bei Kindern zu Vergiftungserscheinungen, die sich in Magen-Darm-Entzündungen und Durchfällen äußerten. Die Rinde der Zweige soll ähnlich starke hautreizende Wirkung wie die Rinde des Seidelbastes (Cortex Mezerei) besitzen.

**Therapiemaßnahmen:** Eine Behandlung ist in der Regel nicht erforderlich. Bei Einnahme größerer Mengen muß man Erbrechen auslösen, danach Aktivkohle und reichlich Flüssigkeit sowie schleimhaltige Zubereitungen geben.

**Geschichtliches:** In der Heilkunde hat die Pflanze heute keine Bedeutung mehr. Die frühere Verwendung eines Aufgusses der Blätter als Mund- und Gurgelwasser bei Mund- und Rachenerkrankungen ist nicht mehr üblich.

Von den ausländischen *Viburnum*-Arten werden die frischen Früchte des Nordamerikanischen Schneeballs, *Viburnum prunifolium* L., in der Homöopathie verwendet.

# GEMEINER SCHNEEBALL

**Familie:** Geißblattgewächse (Caprifoliaceae)

**Name:** Während die Herkunft des Gattungsnamens nicht gesichert ist, war *opulus* bei den Römern der Name für Ahorn. Wegen der Ähnlichkeit der Blätter mit denen dieser Bäume wurde die Pflanze so benannt. Die Bezeichnung Schneeball bezieht sich auf das Aussehen des runden, ballförmigen Blütenstandes. Weitere deutsche Namen sind Wasserschneeball, Schneeballschlinge, Wasserholder und Hirschholder.

**Beschreibung:** Der bis 4 m hohe Strauch mit gelblichgrauer, längsrissiger Rinde hat gegenständige, aber im Gegensatz zum Wolligen Schneeball 3-, mitunter auch 5lappige, grob gezähnte, auf der Unterseite flaumig behaarte Blätter. Sie besitzen am Stielgrund borstenförmige Nebenblätter. Die zahlreichen weißen Blüten stehen in einem endständigen, schirmförmigen Blütenstand, wobei die inneren Blüten klein und zwittrig, die randständigen viel größer und steril sind sowie eine 5zählige, flach ausgebreitete Blumenkrone aufweisen. Die etwa erbsengroßen, rundlich-eiförmigen, zur Reifezeit glänzendroten und hängenden Steinbeeren besitzen einen flachen, herzförmigen, roten Steinkern. Die rohe Frucht ist ungenießbar und wird auch von den Vögeln gemieden.

**Blütezeit:** Mai bis Juni.

**Vorkommen und Verbreitung:** Auf feuchten, humosen, kalkreichen Böden in Gebüschen und krautreichen Laubwäldern in ganz Europa und dem westlichen Asien vorkommend.

**Toxische Bestandteile:** Das toxische Prinzip der Pflanze, die u.a. verschiedene Glycoside und harzartige Stoffe, z.B. Viburnin, enthält, ist bis heute nicht mit Sicherheit bekannt. In der älteren Literatur wird Viburnin als die giftige Komponente bezeichnet.

**Vergiftungssymptome:** Die rohen, vor allem unreifen Beeren führen, meist von Kindern verzehrt, zu Brechreiz, Magen-Darm-Entzündungen und starkem Durchfall. Ernste Erkrankungen mit tödlichem Ausgang werden jedoch lediglich in der älteren Literatur genannt und liegen aus diesem Jahrhundert nicht vor. Gekocht sollen die beerenartigen Früchte angeblich ungiftig sein.

**Therapiemaßnahmen:** Behandlung zunächst mit Gaben von Aktivkohle und Abführmitteln, Flüssigkeitszufuhr und schleimhaltigen Zubereitungen. Nach Einnahme größerer Mengen sind Magenspülung durch den Arzt und stationäre Behandlung erforderlich.

**Geschichtliches:** Die Rinde der Pflanze diente früher wie die des Amerikanischen Schneeballs (Cortex Viburni prunifolii) als krampflösendes Mittel und bei Menstruationsstörungen in Form eines Extraktes. Aus den Blüten des Gemeinen Schneeballs bereitete man einst ein Destillat (Aqua florum opuli), das als harntreibendes Mittel verwendet wurde. Auch dienten die bitter schmekkenden Früchte als Brechmittel. Heute sind beide Pflanzen nur noch in der Homöopathie gebräuchlich.

# BLAUREGEN, Glyzine

**Familie:** Schmetterlingsblütengewächse (Fabaceae)

**Name:** Die wissenschaftliche Benennung der Gattung *Wisteria* erfolgte nach dem Anatomen Caspar Wister (1761-1818, Pennsylvania). Die Bezeichnung Blauregen wurde wegen der herabhängenden, blauvioletten Blütenstände gewählt, während sich der ebenfalls gebräuchliche Name Glyzine von *glykys*, griech. = süß ableitet, da einige Glyzinearten süß schmeckende Knollen besitzen.

**Beschreibung:** Der kletternde, bis 20 m hohe Strauch hat junge, grüne, weich behaarte Zweige. Ältere Zweige werden graubraun und kahl. Die bis etwa 30 cm langen Blätter sind unpaarig gefiedert mit 3-5 gestielten, eiförmig bis lanzettlichen, zugespitzten, in der Jugend beiderseits anliegend behaarten, später oberseits kahlen Blattpaaren und kleinen, pfriemlichen Nebenblättchen. Die hell- oder blauvioletten Blüten hängen in lockeren, bis 30 cm langen Trauben. Der Kelch der Blüten ist breit-glockig und 5zähnig, die blauviolette, mitunter auch hellblaue Blumenkrone 5blättrig mit typischer Schmetterlingsblütenform. Die Frucht stellt eine etwa 10-12 cm lange, stachelspitzige, knotige, schwarzbraune, samthaarige Hülse dar. Fruchtbildung erfolgt aber meist nur in den südlichen Teilen Europas.

**Blütezeit:** April bis Juni.

**Vorkommen und Verbreitung:** Die Heimat der Pflanze ist China. Als dekorativer Zierstrauch an Hauswänden, Pergolen u.a. in Mittel- und Südeuropa angepflanzt.

**Toxische Bestandteile:** Rinde und Wurzeln der Pflanze enthalten sogenanntes Wistarin, das vermutlich einen Glycosidkomplex darstellt, Saponineigenschaften besitzen soll und wahrscheinlich als toxisches Prinzip fungiert. Außerdem enthalten alle Pflanzenteile Lectine. Möglicherweise ist die verhältnismäßig hohe Giftigkeit der Samen auch auf diese Stoffe zurückzuführen.

**Vergiftungssymptome:** Bereits nach Verzehr von 2 Samen können bei Kindern Erbrechen und heftige Magen-Darm-Entzündungen hervorgerufen werden, die oft mit Durchfall und kolikartigen Bauchschmerzen verbunden sind. Bei Einnahme größerer Mengen besteht Kollapsgefahr. Offenbar ist aber die individuelle Empfindlichkeit sehr unterschiedlich. Die Vergiftungsgefahr scheint besonders beim Genuß roher Samen groß zu sein.

**Therapiemaßnahmen:** Nach Einnahme weniger Samen Gaben von Aktivkohle mit reichlich Flüssigkeit. Bei bereits 5-10 Samen müssen Erbrechen ausgelöst und danach Aktivkohle und Abführmittel gegeben werden, wobei auf Ersatz des Flüssigkeits- und Elektrolytverlustes zu achten ist. Erforderlichenfalls Magenspülung und stationäre Beobachtung.

# RIESENBÄRENKLAU, Herkulesstaude

**Familie:** Doldengewächse (Apiaceae)

**Name:** Der deutsche Name weist auf die Größe der Pflanze hin (s. hierzu *Heracleum sphondylium*). Gelegentlich wird er auch als Kaukasischer Bärenklau bezeichnet, weil er aus dem Kaukasus stammt. Die Benennung *mantegazzianum* erfolgte nach dem italienischen Naturforscher Paolo Mantegazzi.

**Beschreibung:** Die oft 3-3,5 m hohe Staude weist ein kräftiges Wurzelwerk und etwa 1 m lange Blattspreiten auf. Form und Größe der meist dreizähligen Laubblätter mit mehrfach-schnittigen, zugespitzten Einzelblättern variieren. Der am Grunde etwa 10 cm dicke Stengel ist rot gefleckt und behaart. Die Blütendolden, besonders die Enddolde, mit 50-150 Einzelstrahlen können einen Durchmesser bis 50 cm aufweisen. Die Kronblätter der Einzelblüten sind bis zu 12 mm lang, weiß und radiär, nur im ungeteilten Mittelfeld grünlichgelblich. Die Größe der Früchte beträgt meist 9-11 × 6-8 mm. Sie sind oft spärlich behaart. Nach einmaligem Blühen und Früchten (im zweiten oder dritten Jahr) stirbt die Pflanze ab. Sie bildet aber eine beachtliche Menge keimfähiger Samen aus, die in großem Umkreis verteilt werden und durch fehlende ökologische Konkurrenz für eine rasche Verbreitung der Pflanze sorgen.

**Blütezeit:** Juli bis September.

**Vorkommen und Verbreitung:** Die im Kaukasus heimische Pflanze (s.o.) gelangte vermutlich um 1890 nach Europa und wurde vor allem wegen ihres stattlichen Aussehens, besonders der dekorativen Dolden, als Zierpflanze verwendet. Sie hat sich, vornehmlich an feuchten Standorten, stellenweise stark vermehrt.

**Toxische Bestandteile:** Photosensibilisierend wirkende Furanocumarine, u.a. Xanthotoxin (8-Methoxypsoralen) und Bergapten.

**Vergiftungssymptome:** Die phototoxische Wirkung der Inhaltsstoffe zeigt sich besonders beim Hautkontakt des Saftes der Pflanze, z.B. beim Abschlagen der Stengel oder auch beim Versprühen des Saftes durch Rasenmäher mit Schlagkreuzmessern. Die Intensität der nachfolgenden Hautentzündung wird verstärkt, wenn die betroffenen Hautstellen anschließend dem Sonnenlicht ausgesetzt sind. Besonders heftige Reaktionen treten auf, wenn die Sonneneinstrahlung auf nasse Haut erfolgt. Die Pflanze sollte daher nicht in der Nähe von Strandbädern kultiviert werden. Das als »bulböse Wiesendermatitis« bezeichnete Krankheitsbild äußert sich durch Rötung der Haut, Schwellung und Blasenbildung sowie möglicherweise Hautläsionen. Einher geht eine erhöhte Pigmentierung. Je nach Intensität gleicht das Krankheitsbild Verbrennungen 1. und 2. Grades.

**Therapiemaßnahmen:** Die Therapie eines ausgelösten Erythems erfolgt symptomatisch durch abschwellende und entzündungswidrige Mittel. Im allgemeinen treten nach dem Eintrocknen der Blasen keine Beschwerden mehr auf, obwohl die völlige Normalisierung der Haut längere Zeit erfordert.

# ANHANG

Weitere Pflanzen, die zu Vergiftungen führen können, aber nicht abgebildet wurden, da ihre Bedeutung als Arznei- bzw. Giftpflanze nur gering oder ihr Aussehen allgemein bekannt ist, sollen nur kurz besprochen werden.

## BUNTE KRONWICKE — Coronilla varia L.

Die mitunter auch als Giftwicke bezeichnete Staude aus der Familie der Schmetterlingsblütengewächse (Fabaceae) zeichnet sich durch lange, niederliegende Stengel und unpaarig gefiederte Blätter mit elliptischen und stachelspitzigen Einzelblättchen aus. Die weißen Schmetterlingsblüten mit rotvioletter Fahne und violetter Schiffchenspitze stehen in 15- bis 20blütigen Dolden. Die Pflanze ist in Mittel- und Südeuropa besonders auf Halbtrockenrasen verbreitet und blüht von Juni bis August. Als toxische Bestandteile kommen 2 Gruppen von Inhaltsstoffen in Betracht, herzwirksame Glycoside sowie Nitropropionsäurederivate. Obwohl Giftwirkungen sehr selten beobachtet wurden, treten als Vergiftungssymptome Übelkeit, Erbrechen und Durchfall, u. U. sogar Krämpfe auf. Es kann im Koma zum Tod kommen.

## ZWERGMISPEL — Cotoneaster species

Der Name *Cotoneaster*, einer Gattung der Rosengewächse (Rosaceae) mit etwa 21 Arten, leitet sich von *kotoneon*, griech. = Quitte ab. Ausschlaggebend für die deutsche Bezeichnung waren aber die zur gleichen Familie gehörenden Mispeln. Zwergmispeln sind kleine, aufrechte, häufig aber niederliegende Sträucher mit bei den einzelnen Arten und Zuchtformen unterschiedlich behaarten, einfachen und ganzrandigen Blättern. Es gibt auch wintergrüne Arten. Alle Zwergmispeln blühen im April bis Mai. Die zwittrigen Blüten sind klein, weiß oder rötlich. Aus den 2-5 Fruchtblättern entwickelt sich eine meist rote, selten weiße oder schwarze, mehlige, beerenartige Frucht (»Apfelfrüchtchen«). Die außerordentlich klimatoleranten Sträucher werden in Mitteleuropa häufig in Parks und Gärten als meist niederliegende, z. T. zur Begrünung von Abhängen geeignete Ziersträucher gezogen.

Als toxische Bestandteile kommen besonders in den etwas bitter und kratzend schmeckenden Früchten cyanogene Glycoside vor. Ihre Menge schwankt bei den einzelnen Arten, ist jedoch allgemein gering. Obwohl Vergiftungen durch Früchte der Zwergmispel zu den häufigen Beratungsfällen zählen, machen sich diese meist lediglich durch leichte Atemnot und Schwindelgefühl bemerkbar. Nur bei Einnahmen größerer Mengen sind ernste Komplikationen zu erwarten und entsprechende Sofortmaßnahmen (s. *Prunus laurocerasus*, S. 170) erforderlich. Vor dem Verzehr der Früchte insbesondere wegen des stark schwankenden Gehaltes an cyanogenen Glycosiden muß aber gewarnt werden.

## MAHONIE — Mahonia aquifolium Nutt

Der nach dem amerikanischen Gärtner und Botaniker M. M'Mahon benannte, bis etwa 1 m hohe Strauch aus der Familie der Berberitzengewächse (Berberidaceae) besitzt immergrüne, unpaarig gefiederte Blätter mit dornig gezähnten, eiförmigen, glänzend dunkelgrünen Einzelblätt-

chen. Die Blüten erscheinen im April bis Mai in leuchtendgelben Blütentrauben, aus denen im Herbst kuglige, schlehenähnliche, blau bereifte Beeren hervorgehen. Sie schmecken sehr sauer und enthalten 2-5 glänzend rotbraune Beeren. Die in Nordamerika heimische Mahonie wird in Europa als Zierstrauch gezogen und ist z.T. auch verwildert anzutreffen.
Die Pflanze enthält als toxische Stoffe besonders in der Wurzel- und Stammrinde Alkaloide, vor allem Berberin, in den Früchten treten sie allerdings nur in Spuren auf. So sind beim Genuß der Früchte Vergiftungssymptome erst ab etwa 50 Beeren zu erwarten, die sich in Erbrechen und Durchfall äußern können und symptomatisch behandelt werden.

## KERMESBEERE — Phytolacca americana L.

Der deutsche und wissenschaftliche Name der zur Familie Kermesbeerengewächse (Phytolaccaceae) gehörenden Staude verweisen auf die in der Pflanze enthaltenen Farbstoffe (*kermes*, arab. = rot). Die am Grunde mitunter verholzte Pflanze mit einer rübenförmig verdickten Wurzel besitzt kurzgestielte, eiförmige bis länglich-lanzettliche Stengelblätter. Die weißen bis grünlichen Blüten stehen zunächst in abstehenden, später hängenden, dichtblütigen Trauben. Aus ihnen entwickeln sich die flachkugligen, dunkelroten bis schwarzen, beerenartigen Sammelfrüchte. Die in Nordamerika heimische Pflanze wird in Europa vor allem als Zierpflanze gezogen und ist auch verwildert besonders im Süden anzutreffen. Sie blüht von Juli bis August.
Die Kermesbeere enthält in allen Teilen, vor allem in den Wurzeln und Samen, Triterpensaponine, außerdem Lectine. Möglicherweise sind beide Stoffgruppen für die Giftwirkung der Pflanze verantwortlich. Zu Vergiftungen ist es in Nordamerika, dem Heimatgebiet der Pflanze, gekommen, wo die Wurzeln in der Volksheilkunde als Rheumatee Anwendung finden. Auch bei Genuß der roten Beeren kommt es besonders bei Kleinkindern zu Vergiftungssymptomen, wie Magen-Darm-Beschwerden, Erbrechen, Durchfall und u.U. Krämpfen.
Therapeutische Maßnahmen sind nur nach Verzehr größerer Mengen roher Beeren erforderlich. Bei Kleinkindern reichen allerdings schon wenige Beeren. Es ist vor allem Erbrechen auszulösen und anschließend Aktivkohle zu geben. Die weitere Behandlung muß eventuell symptomatisch erfolgen.
Wegen des in der Kermesbeere enthaltenen ungiftigen Farbstoffes Phytolaccanin dienten die Extrakte der Früchte früher auch zum Färben von Wein. Die Pflanze wird heute noch in der Homöopathie, u.a. bei grippalen Infekten, verwendet.

## FEUERDORN — Pyracantha coccinea M.J. Roem.

Der zur Familie Rosengewächse gehörende, etwa 2 m hohe, immergrüne Dornenstrauch (*pyr*= Feuer; *akantha*= Dorn) weist eine sparrige Verästelung auf. Die elliptischen bis lanzettlichen Blätter sind feinkerbig gesägt, und die kleinen, weißen, im Mai bis Juni erscheinenden Blüten stehen in Doldenrispen. Im Herbst fallen die leuchtendroten, vereinzelt auch gelblichen, runden, erbsengroßen Früchte auf, die jeweils 5 Steine (Nüßchen) enthalten. Der vom Mittelmeergebiet bis zum westlichen Asien heimische Strauch wird in Mitteleuropa häufig in zahlreichen Sorten als Ziergehölz angepflanzt.
Die Früchte enthalten, bevorzugt in den Samen, geringe Mengen cyanogener Glycoside, die nach Verzehr – wie dies durch Kinder oft erfolgt – eine gewisse Giftigkeit aufweisen. Obwohl die Pflanze häufig Anlaß für toxikologische Beratungen ist, wurden bisher lediglich nach Einnahme größerer Mengen Erbrechen und Durchfall beobachtet, die symptomatisch zu behandeln sind.

## SCHWARZER HOLUNDER **Sambucus nigra L.**

Der zur Familie Geißblattgewächse (Caprifoliaceae) gehörende Holunderstrauch, der selten auch als kleiner Baum vorkommt, weist Äste mit weißem Mark und meist 5zählige, unpaarig gefiederte Blätter auf. Die kleinen, weißen, stark duftenden, im Juni bis August erscheinenden Blüten stehen in doldenartigen Rispen, aus denen sich im Herbst überhängende, schwarzviolette Fruchtstände entwickeln.

Der in ganz Europa bevorzugt auf stickstoffreichen Böden vorkommende Holunder enthält in allen Teilen harzartige Stoffe, die Blätter und grünen Früchte außerdem ein cyanogenes Glycosid, das in reifen Beeren nicht mehr vorliegt. Obwohl besonders die unreifen Beeren giftig sind, kann auch der Genuß roher, reifer Holunderbeeren, z.B. durch Kinder, heftiges Erbrechen und Durchfall auslösen, wofür die harzartigen Stoffe verantwortlich sind. Die Behandlung erfolgt ausschließlich symptomatisch. Nach dem Kochen sind die Früchte jedoch giftfrei und können ohne Bedenken verzehrt werden. Die frische Rinde der Pflanze kam früher als starkes Brech- und Abführmittel zur Anwendung. Die Blüten, die große Mengen an Flavonoidglycosiden enthalten, dienen bei grippalen Infekten als schweißtreibender Tee (Fliedertee).

## JAKOBSKREUZKRAUT **Senecio jacobaea L.**

Die zur Familie der Korbblütler (Asteraceae) gehörende auch als Jakobsgreiskraut bezeichnete Pflanze wird etwa 0,3-1,0 m hoch und weist einen kantig gerillten Stengel auf. Die unteren, zur Blütezeit meist abgefallenen Blätter sind leierförmig mit mäßig großem Endlappen, die mittleren geöhrt und analog den oberen fiederteilig. Bei den goldgelben, im Juli bis September erscheinenden Blüten können die Zungenblüten mitunter fehlen. Die Früchte besitzen einen leicht abfallenden Pappus (haarförmig entwickelten Kelch).

Die in ganz Europa bis ins westliche Asien vorkommende Pflanze enthält als toxische Stoffe Pyrrolizidinalkaloide. Es handelt sich dabei um ausgesprochene Lebergifte. Doch akute Vergiftungen wurden bisher meist nur bei Tieren beobachtet. Obwohl diese im allgemeinen die Pflanze meiden, kann es bei Futtermangel oder durch Heu bzw. Silage zu Vergiftungen kommen, da die Alkaloide beim Trocknungs- bzw. Silierungsprozeß nicht oder nur teilweise abgebaut werden. Beim Menschen treten Vergiftungssymptome nach längerer Anwendung der Pflanze, z.B. als Tee, auf. Sie äußern sich zunächst uncharakteristisch in Appetitlosigkeit, Mattigkeit und Bauchschmerzen. Schließlich können Ödeme besonders im unteren Bauchbereich auftreten, oder es kommt zu Schädigungen der Lunge. Es setzt eine Vergrößerung der Leber ein, die bis zur Leberzirrhose führen kann.

Ähnliche Erscheinungen beobachten wir auch beim Gemeinen Greiskraut (*Senecio vulgaris* L.).

## KARTOFFEL **Solanum tuberosum L.**

Die unterirdische Sproßknollen (*tuberosus*, lat. = knollig) ausbildende Pflanze aus der Familie der Nachtschattengewächse (Solanaceae) stellt eine unserer bedeutendsten Kulturpflanzen dar. Sie besitzt einen 0,4-0,8 m hohen, aufrechtästigen Stengel und unpaarig gefiederte Blätter, wobei größere und kleinere Fiederblättchen abwechseln. Die verwachsene, weiße, rötliche oder lilafarbene Blumenkrone der einzeln, meist in 2 langgestielten Wickeln stehenden Blüten entfaltet sich – je nach Sorte – von Juni bis August. Die kugligen, gelbgrünen Beerenfrüchte besitzen zahlreiche gelblichweiße Samen.

In allen Teilen der Pflanze treten als toxische Bestandteile Steroidalkaloidglycoside auf, besonders aber in den Früchten (etwa 1%) und nur als Spuren in den Knollen (0,002%). Sie werden zudem beim Kochprozeß teilweise abgebaut. In keimenden Kartoffeln steigt ihr Gehalt aber beachtlich an, so daß durch sie sowohl beim Menschen als auch bei Nutztieren Vergiftungen beobachtet wurden.
Der Vergiftungsverlauf und die Therapiemaßnahmen sind ähnlich wie beim Bittersüßen Nachtschatten (*Solanum dulcamara*, s. S. 202f.). Die meisten Nutztiervergiftungen lassen sich auf die Verfütterung von gekeimten Kartoffeln oder von größeren Mengen frischen Kartoffelkrautes zurückführen.
Der Wert der Kartoffel als Grundnahrungsmittel wurde erst zu Beginn des 19. Jahrhunderts erkannt. Sie kam aber schon im 16. Jahrhundert als Zierpflanze nach Europa.
Ähnliche Steroidalkaloidglycoside sind in der Tomate (*Solanum esculentum* Mill., syn. *S. lycopersicum* L.) und im Schwarzen Nachtschatten (*Solanum nigrum* L.) enthalten. Bei der Fruchtreife der Tomate werden diese giftigen Stoffe abgebaut, so daß man reife Tomaten als Gemüse nutzen kann. Die Geschichte der Tormate ähnelt der der Kartoffel. Auch sie gelangte schon im 16. Jahrhundert als Zierpflanze nach Europa, und erst gegen Ende des 19. Jahrhunderts erkannte man ihren Nutzwert.

## GEMEINER BEINWELL — Symphytum officinale L.

Die zur Familie der Borretschgewächse (Boraginaceae) gehörende, bis etwa 1 m hohe Staude erhielt ihren wissenschaftlichen Namen (*symphyein*, griech. = zusammenwachsen) sowie die deutsche Bezeichnung Beinwell (auch Schwarzwurz genannt) wegen der volkstümlichen Anwendung bei Verletzungen, insbesondere bei Knochenbrüchen.
Die auffallend borstig behaarte Pflanze besitzt lange lanzettliche Blätter mit geflügeltem, vom oberen zum nächsten Blatt herablaufendem Blattstiel. Die Blüten mit verwachsener, meist rötlichvioletter oder gelblichweißer Blumenkrone bilden sich von Mai bis Juli.
Der in ganz Europa besonders an nährstoffreichen Ufern vorkommende Gemeine Beinwell enthält neben dem granulationsfördernden, untoxischen, nur vereinzelt zu Allergien führenden Allantoin in geringer Menge Pyrrolizidinalkaloide (s. *Senecio jacobaea*, S. 232). Obwohl eine akute Vergiftung durch die Pflanze, die in der Volksheilkunde (Beinwellwurzel, Radix Symphyti, Radix Consolidae) hochgeschätzt wird, kaum auftritt, muß vor einer Daueranwendung wegen der zu erwartenden Leberschädigung gewarnt werden.

## TULPE — Tulipa L.

Die in zahlreichen Sorten und Kreuzungen der in Vorderasien heimischen Gattung *Tulipa* (Familie Liliengewächse) seit Jahrhunderten gezogenen Gartentulpen mit unterschiedlicher Form und Farbe werden unter der Sammelbezeichnung *Tulipa gesnerana* zusammengefaßt. Bekanntlich bildet das ausdauernde Zwiebelgewächs im Frühjahr einen etwa 0,35-0,50 m langen Stengel mit einer endständigen Blüte und breit-linealen bis lanzettlichen Blättern.
Die ganze Pflanze enthält toxische Bestandteile, die in der Zwiebel besonders angereichert sind. Es handelt sich dabei um die sogenannten Tuliposide, die Ester von Glucose mit $\alpha$-Methylen-$\gamma$-hydroxybuttersäure (Tuliposid A) oder mit $\alpha$-Methylen-$\beta$-hydroxybuttersäure (Tuliposid B) darstellen, sowie um die Tulipaline A und B. Es sind Schutzstoffe der Pflanze gegen Schädlingsbefall.

Vergiftungen durch Verwechslung von Tulpenzwiebeln mit Küchenzwiebeln wurden lediglich vereinzelt beobachtet und führten nur zu leichten Beschwerden des Magen-Darm-Traktes. Dagegen kann es durch Kontakt mit den Zwiebeln, aber auch mit der Blüte zu allergischen Reaktionen, der sogenannten Tulpenzwiebeldermatitis, kommen. Sie äußert sich durch ekzematöse Veränderungen an den Berührungsstellen, d.h. den Händen, vor allem den Fingerspitzen, sowie durch Schädigung der Nägel. Eine therapeutische Behandlung ist in der Regel nicht erforderlich. Nach Meidung jeglichen Kontaktes mit der Pflanze heilen die Hauterkrankungen meist nach wenigen Tagen ab. Um einer erneuten Erkrankung vorzubeugen (z.B. beim gärtnerischen Umgang), wird das Tragen von Gummihandschuhen empfohlen.
In diesem Zusammenhang soll auch die Inkalilie (*Alstroemeria*) genannt werden, die als dekorative Schnittblume in den europäischen Ländern zunehmend Verwendung findet. Sie enthält ähnliche Bestandteile wie die Tulpe, u.a. auch Tuliposid A, und kann ebenfalls eine Kontaktdermatitis auslösen, die zum sogenannten *Alstroemeria*-Ekzem führt.

## LAUBHOLZMISTEL — Viscum album L.

Der Gattungsname der zu den Mistelgewächsen (Loranthaceae) gehörenden Pflanze ist römischen Ursprungs (*viscum*, lat. = Vogelleim) und weist auf die klebrige Beschaffenheit der Früchte hin. Der durch gablige Verzweigung auffallende Halbschmarotzer hat immergrüne, ledrige, länglich-verkehrt-eiförmige und gegenständige Blätter. Die kleinen, gelbgrünen, radiären, sich im März bis April bildenden Blüten stehen zu 3-5 in Trugdolden. Die Frucht ist eine weiße, beerenartige Scheinfrucht.
Die Laubholzmistel kommt in ganz Europa und Nordasien vor und unterscheidet sich von der Nadelholzmistel (*V. laxum*), die auf Kiefern und Tannen schmarotzt.
Als toxische Bestandteile enthält die Mistel ein Gemisch basischer Proteine (Viscotoxine). Giftwirkungen sind jedoch durch Mistelextrakte nur bei parenteraler Anwendung, d.h. durch Injektion, zu erwarten. Die Dauereinnahme von Mistelzubereitungen, z.B. als Tee, kann allerdings zu entzündlichen Leberveränderungen führen.
Die Mistel ist eine uralte, nicht unumstrittene Arzneipflanze. Sie spielte ferner für Kultzwecke eine wichtige Rolle und galt als Wundermittel. So diente sie auch als Abwehrschutz gegen böse Geister.

*Deutschsprachige Informationszentren und Beratungsstellen bei Vergiftungen*

| | | |
|---|---|---|
| 13086 Berlin<br>Große Seestr. 4 | Zentraler toxikologischer Auskunftsdienst | Tel.: 030/9669418<br>030/9653353 |
| 14059 Berlin<br>Pulsstr. 3-7 | Landesberatungsstelle für Vergiftungserscheinungen<br>und Embryonaltoxikologie, Giftnotzentrum | Tel.: 030/19240 |
| 13353 Berlin<br>AugustenburgerPlatz 1 | Universitätsklinik Rudolf Virchow Station 43 | Tel.: 030/450-53555<br>030/450-53565 |
| CH-3003 Bern | Bundesamt für Gesundheit Abt. Chemikalien | Tel.: 004131/3229511<br>004131/3229638 (Abt. Chem.)<br>Fax: 004131/3249034 |
| 53113 Bonn<br>Adenauerallee 119 | Informationszentrale gegen Vergiftungen,<br>Zentrum für Kinderheilkunde der<br>Rheinischen Friedrich-Wilhelms-Universität | Tel.: 0228/2873211<br>0228/2873333<br>Fax: 0228/2873314 |
| 99089 Erfurt<br>c/o Klinikum Erfurt<br>Nordhäuser Str. 75 | Giftnotruf Erfurt<br>Gemeinsames Giftinformationszentrum der Länder<br>Mecklenburg-Vorpommern, Sachsen, Sachsen-Anhalt und Thüringen | Tel.: 0361/730730<br>Fax: 0361/7307317 |
| 79106 Freiburg<br>Mathildenstr. 1 | Informationszentrale für Vergiftungen<br>der Universitäts-Kinderklinik | Tel.: 0761/2704361 (Durchwahl)<br>0761/2704300/1 (Zentrale)<br>Fax: 0761/2704457 |
| 37075 Göttingen<br>Robert-Koch-Str. 40 | Giftinformationszentrum Nord (GIZ-NORD)<br>Georg-August-Universität Göttingen,<br>Zentrum Pharmakologie und Toxikologie | Tel.: 0551/19240<br>0551/383180<br>Fax: 0551/3831881 |

| | | |
|---|---|---|
| 66421 Homburg/Saar | Universitätsklinikum für Kinder- und Jugendmedizin<br>(Beratungsstelle für Vergiftungsfälle<br>im Kindesalter der Universitäts-Kinderklinik) | Tel.: 06841/19240<br>Fax: 06841/168314 |
| 55131 Mainz<br>Langenbeckstr. 1 | Beratungsstelle bei Vergiftungen, Klinische Toxikologie<br>II. Medizinische Klinik und Poliklinik<br>Johannes-Gutenberg-Universität | Tel.: 06131/232466<br>06131/19240<br>Fax: 06131/176605 |
| 81675 München<br>Ismaninger Str. 22 | Giftnotruf München<br>Toxikologische Abteilung der<br>II. Medizinischen Klinik rechts der Isar<br>der Technischen Universität München | Tel.: 089/19240<br>Fax: 089/41402467 |
| 90419 Nürnberg<br>Flurstr. 17 | II. Medizinische Klinik des<br>Städtischen Klinikums, Toxikologische Intensivstation | Tel.: 0911/3982451<br>Fax: 0911/3982205 |
| A-1090 Wien<br>Währinger Gürtel 18-20 | Vergiftungsinformationszentrale<br>Allgemeines Krankenhaus | Tel.: 00431/40400/2222<br>Notruf: 00431/4064343 |
| CH-8030 Zürich<br>Klosbachstr. 107 | Schweizerisches Toxikologisches Informationszentrum | Tel.: 00411/2515151 (Notfälle)<br>00411/2516666 (nichtdringl. Anfragen)<br>Fax: 00411/2528833 |

# REGISTER